Color Schedule of Interior Design

室内设计配色手册

李江军 编

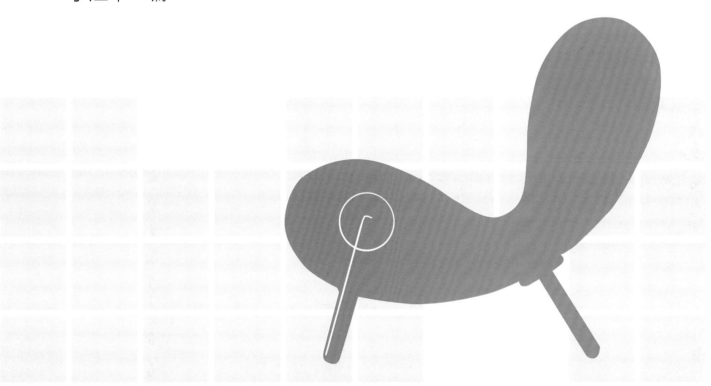

中国电力出版社
CHINA ELECTRIC POWER PRESS

内容提要

本书基于多个国家成熟的色彩理论体系，深入结合国内室内软装设计的发展特点，归纳出适合当下室内色彩实战应用的色彩搭配规律。本书深入浅出，重点分析色彩在室内设计中的具体应用，系统地介绍了家居软装的色彩搭配技巧，是一本对软装风格、室内功能空间及软装元素进行深入色彩解析的工具书。

图书在版编目（CIP）数据

室内设计配色手册 / 李江军编. —北京：中国电力出版社，2018.5
ISBN 978-7-5198-1807-4

Ⅰ．①室… Ⅱ．①李… Ⅲ．①室内装饰设计—色彩—手册 Ⅳ．①TU238.23-62

中国版本图书馆CIP数据核字（2018）第040260号

出版发行：中国电力出版社
地　　址：北京市东城区北京站西街19号（邮政编码100005）
网　　址：http://www.cepp.sgcc.com.cn
责任编辑：曹　巍　联系电话：010-63412609
责任校对：王小鹏
责任印制：杨晓东

印　　刷：北京盛通印刷股份有限公司
版　　次：2018年5月第一版
印　　次：2018年5月北京第一次印刷
开　　本：889毫米×1194毫米　16开本
印　　张：20
字　　数：635千字
定　　价：218.00元

前 言

Foreword

色彩与软装的关系是相辅相成的，色彩一方面是软装应用的重要元素和表达途径，另一方面也对软装形成一定的制约，使其在某种框架范围内发展。不同的色彩具有不同的视觉感受，例如采用欢快的橙色、黄色为主色的室内空间能够表现出开朗、活泼的氛围，而以冷色调的蓝色、紫色为主色能够表现出沉静、稳重的感觉；以中性色的绿色为主色搭配白色、木色等则具有自然、舒适的视觉感受。除了色彩，纹样也是影响软装效果的一个重要元素，例如碎花图案具有乡村的感觉，而大花图案则显得奔放等。

本书历时一年多，研究了多个国家成熟的色彩理论体系，再结合国内软装设计的发展特点，归纳出一系列适合实战应用的色彩搭配规律。在基础理论部分中，把色彩理论体系与室内装饰设计充分结合，强调色彩是室内装饰重要辅助手段的原则，对色彩基本特征、色彩搭配方式、色彩空间角色、色彩灵感来源、色彩纹样应用等一一进行了深度分析。在实战设计部分中，引用知名设计大师的案例，一方面邀请软装色彩专家刘方达评析新中式风格、新古典风格、现代风格、工业风格、简约风格、港式风格、北欧风格、田园风格、美式风格、简欧风格、法式风格、东南亚风格、地中海风格、欧式古典风格、中式古典风格15类主流室内装饰风格的色彩搭配要点，同时还邀请到软装色彩专家杨梓解读客厅、卧室、餐厅、书房、厨房、卫浴间、餐饮、酒店客房、办公、售楼处、医院、咖啡馆12个室内空间的色彩实战运用，此外，本书还对灯具、挂镜、挂钟、挂盘、摆件、花器、花艺、装饰画、窗帘、地毯、床品、抱枕、桌布、桌旗14类软装元素的配色手法进行了深入浅出的剖析，让读者更容易理解如何利用色彩为软装设计方案增彩的技巧。

本书全面且系统地介绍了家居软装的色彩搭配技巧，是一本真正对软装风格、室内功能空间以及软装元素进行深入色彩解析的图书。深入浅出、通俗易懂，不谈枯燥的色彩理论体系，只谈色彩在室内设计中的具体应用，符合图书轻阅读的流行趋势。其强大的实用性，众多软装色彩专家的经验分享与近千例最新国内外大师设计案例满足了不同层次读者的需求，既可用作软装培训学校的教材，又可作为室内设计师学习软装色彩的工具书。

编者

2018 年 4 月

目录
Contents

第4章　常见配色印象的表现与应用

第 1 章

软 装 配 色 基 础

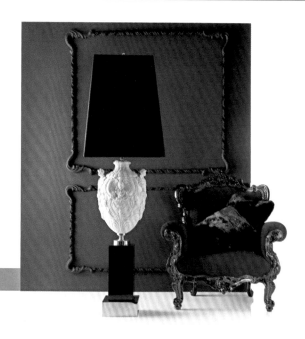

色彩是客观存在的物质现象，是光刺激眼睛所引起的一种视觉感。它和绘画一样是视觉艺术的表现手段，是可视的艺术语言。色彩的特征是指每一种色彩都同时具有的基本属性，即色相、色调、纯度、明度。掌握色彩的基本特征在软装设计时起着至关重要的作用，只有将彼此间的关系安排恰当，才能体现完美的视觉效果。

1.1 由简入繁了解色相

1. 色相的概念

色相是色彩最基本的特征，能够比较确切的表示某种颜色色别的名称。如紫色、绿色、黄色等都代表了不同的色相。任何除了黑、白、灰以外的色彩都有色相的属性，而色相也就是由原色、间色和复色来构成的。同一色相的色彩，调整其亮度或者纯度就很容易搭配，如深绿、嫩绿、叶绿等。

色相差别是由光波波长的长短产生的，可见光因波长的不同，给眼睛的色彩感觉也不同。即便是同一类色彩，也能分为几种色相，如黄色可以分为中黄、土黄、柠檬黄等，灰颜色则可以分为红灰、蓝灰、紫灰等。光谱中有红、橙、黄、绿、蓝、紫六种基本色光，人的眼睛可以分辨出约180种不同色相的色彩。色相的心理反应特征是暖色或冷色，色相之间的关系可以用色相环表示。

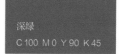

深绿
C 100 M 0 Y 90 K 45

嫩绿
C 40 M 0 Y 70 K 0

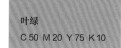

叶绿
C 50 M 20 Y 75 K 10

△ 柠檬黄色家具给人轻快感　　△ 土黄色家具给人稳重感

2. 色相环的意义

色相环是一种工具，用于了解色彩之间的关系。一个色相环，色彩少的有 6 种，多的则可以达到 24 种、48 种、96 种或更多。一般最常见的是 12 色相环，由 12 种基本颜色组成，每一色相间距为 30 度。色相环中首先包含的是色彩三原色，原色混合产生了二次色，再用二次色混合，产生了三次色。

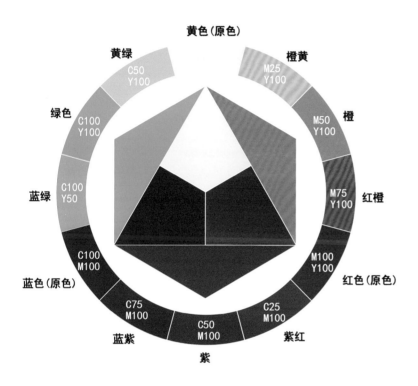

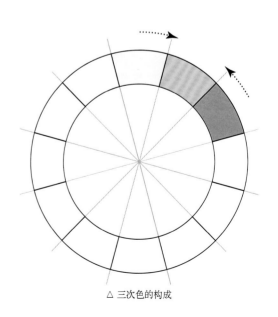

△ 三原色的分布

△ 二次色的构成

△ 三次色的构成

色相环中的三原色是红色、黄色、蓝色，在色相环中，只有这三种颜色不是由其他颜色混合而成。彼此势均力敌，三原色在色环中的位置呈平均分布，形成一个等边三角形。

二次色是橙色、紫色、绿色，处在三原色之间，形成另一个等边三角形。

黄 + 蓝 = 绿　　　黄 + 红 = 橙　　　红 + 蓝 = 紫

三次色由原色和二次色混合而成，即红橙、黄橙、黄绿、蓝绿、蓝紫和红紫 6 种颜色。井然有序的色相环使人能清楚地看出色彩平衡、调和后的结果。

黄 + 橙 = 黄橙　　　　　红 + 橙 = 红橙

红 + 紫 = 红紫　　　　　黄 + 绿 = 黄绿

蓝 + 紫 = 蓝紫　　　　　蓝 + 绿 = 蓝绿

1.2 决定配色效果的色调

1. 色调的概念

　　色调，顾名思义就是颜色的调子，指各物体之间所形成的整体色彩倾向。例如，一幅绘画作品虽然用了多种颜色，但总体有一种倾向，是偏蓝或偏红，是偏暖或偏冷等，这种颜色上的倾向就是一幅绘画的色调。不同色调表达的意境不同，给人的视觉感受和产生的情感色彩也不同。

　　色调的类别很多，从色相分，有红色调、黄色调、绿色调、紫色调等；从色彩明度分，可以有明色调、暗色调、中间色调；从色彩的冷暖分，有暖色调、冷色调、中性色调；从色彩的纯度分，可以有鲜艳的强色调和含灰的弱色调等。以上各种色调又有温和的和对比强烈的区分，例如鲜艳的纯色调、接近白色的淡色调、接近黑色的暗色调等。

　　色调是决定色彩印象的主要元素。即使色相不统一，只要色调一致的话，画面也能展现统一的配色效果。

△ 接近于白色的淡色调

△ 鲜艳的纯色调

△ 接近黑色的暗色调

2. 色调氛围表

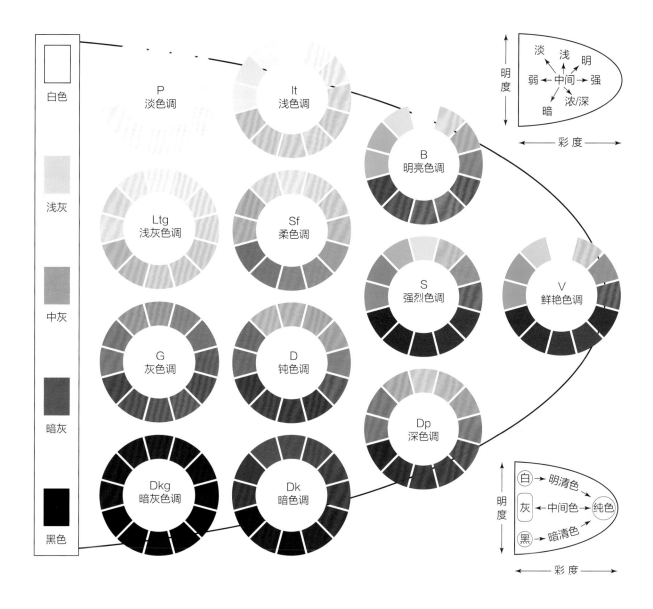

淡色调	浅色调	明亮色调
轻柔、浪漫、天真、简洁	温顺、柔软、纯真、纤细	单纯、快乐、清爽、舒适
浅灰色调	**柔色调**	**强烈色调**
高雅、内涵、洗练、女性	温和、雅致、和蔼、舒畅	热情、动感、活泼、年轻
灰色调	**钝色调**	**深色调**
稳重、朴素、高档、安静	庄严、田园、成熟、浑浊	浓重、华丽、高级、丰富
暗灰色调	**暗色调**	**鲜艳色调**
厚重、古朴、强力、高级	传统、古典、结实、执着	热情、活力、鲜明、艳丽

△ 轻柔、浪漫、天真、简洁

△ 高雅、内涵、洗练、女性

△ 稳重、朴素、高档、安静

△ 厚重、古朴、强力、高级

△ 温顺、柔软、纯真、纤细

△ 温和、雅致、和蔼、舒畅

● 色调印象－钝色调 ●

△ 庄严、田园、成熟、浑浊

● 色调印象－暗色调 ●

△ 传统、古典、结实、执着

● 色调印象－明亮色调 ●

△ 单纯、快乐、清爽、舒适

● 色调印象－强烈色调 ●

△ 热情、动感、活泼、年轻

● 色调印象－深色调 ●

△ 浓重、华丽、高级、丰富

● 色调印象－鲜艳色调 ●

△ 热情、活力、鲜明、艳丽

1.3 改变视觉印象的纯度

1. 纯度的概念

纯度也称饱和度，是指色彩的鲜浊程度，用来表现色彩的鲜艳和深浅。纯度是深色、浅色等色彩鲜艳度的判断标准。纯度的变化可通过三原色互混产生，也可以通过加白、加黑、加灰产生，还可以通过补色相混产生。也就是说，如果在原色中加入白色、黑色或互补色，就会降低色彩的纯度。

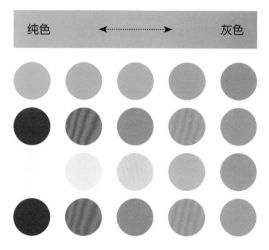

△ 左边是不含杂质的纯色，随着纯度逐渐降低后接近灰色

同一色相的色彩，不掺杂白色或者黑色，则被称为纯色。纯度最高的色彩就是原色，例如红色、橙色、黄色、紫色等纯度也较高，蓝绿色是纯度最低的色相。

通常纯度越高，色彩越鲜艳。随着纯度的降低，色彩就会变得暗、淡。纯度降到最低就是失去色相，变为无彩色，也就是黑色、白色和灰色。在纯色中加入不同明度的无彩色，会出现不同的纯度。以红色为例，向纯红色中加入一点白色，纯度下降而明度上升，变为淡红色。继续加入白色的量，颜色会越来越淡，纯度下降，但明度持续上升。反之，加入黑色或灰色，则相应的纯度和明度同时下降。

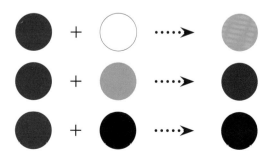

△ 加入白、灰、黑色，就可以降低纯度

根据色彩纯度的特征，软装设计的色彩可以分为两大类，一类是有彩色，即红、黄、蓝等。另一类是无彩色，即黑、白、灰。无彩色不带任何色彩倾向，纯度为 0。

△ 无彩色的软装设计适合于简约风格室内空间

△ 有彩色的软装设计注意色调的和谐搭配

2. 纯度的装饰效果

由不同纯度组成的色调，接近纯色的叫高纯度色，接近灰色的叫低纯度色，处于两者之间的叫中纯度色。从视觉效果上来说，纯度高的色彩由于明亮、艳丽，因而容易引起视觉的兴奋和吸引人的注意力；低纯度的色彩比较单调、耐看，更容易使人产生联想；中纯度的色彩较为丰富、优美，许多色彩似乎含而不露，但又个性鲜明。

△ 低纯度红色家具给人稳重的感觉

△ 中纯度红色家具显得含蓄又不失优美之感

△ 高纯度红色家具容易吸引人的注意力

1.4 配色重要因素的明度

1. 明度的概念

色彩明度是指色彩的亮度或明度。颜色有深浅、明暗的变化。例如深黄、中黄、淡黄、柠檬黄等黄颜色在明度上就不一样。这些颜色在明暗、深浅上的不同变化，也就是色彩的又一重要特征——明度变化。

在所有的颜色中，白色明度最高，黑色明度最低。不同色相的明度也不同，从色相环中可以看到黄色最亮，即明度最高；蓝色最暗，即明度最低；青、绿色为中间明度。黄色比橙色亮、橙色比红色亮、红色比紫色亮。不同明度的色彩，给人的印象和感受是不同的。

任何一种色相中加入白色，都会提高明度，白色成分越多，明度也就越高；任何一种色相中加入黑色，明度相对降低，黑色越多，明度越低。不过相同的颜色，因光线照射的强弱不同也会产生不同的明暗变化。

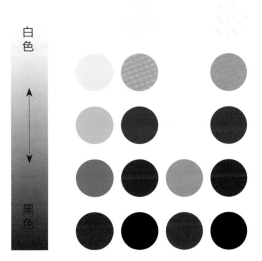

△ 越往下的色彩明度越低；越往上的色彩明度越高

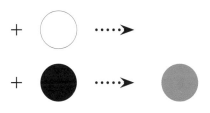

△ 加入白色或黑色就能改变色彩的明度

△ 黄色比橙色亮、橙色比红色亮、红色比紫色亮

2. 明度的装饰效果

色彩从明度上来说分为高明度色彩、中明度色彩和低明度色彩。每一种纯色都有与其相应的明度。色彩的明度变化往往会影响到纯度，如红色加入黑色以后明度降低了，同时纯度也降低了；红色加入白色则明度提高了，纯度却降低了。

纯色混入大量的白色后形成的高明度色彩，给人的感觉是明亮、轻快、活泼、优雅、纯洁，但同时应注意如果几种色彩的明度过于接近，就会丧失韵律感和结实感。以高明度色彩为主体配色的画面，如果加入中、低明度的色彩，原有的柔弱感就会降低，坚实感就会加强。

中明度的色彩搭配，明度差小，给人以朴素、庄重、安静、刻苦、平凡的感觉，若在色相或纯度上加以变化，可以增添柔和、明快的感觉。另外，中明度色彩还可以与高明度及低明度色彩相互搭配，产生各种不同的情感。

低明度色彩因全部都含有黑色，所以明度差小，色彩间容易得到调和的效果，给人感觉深沉、厚重、稳定、刚毅、神秘。以较暗的低明度色彩为主，配上少量的高、中明度的色彩，会形成强烈的明暗对比，从而产生明快的强度。

△ 中明度的色彩搭配明度差小，带来安静舒适的感觉

△ 低明度色彩中适合加入中明度色彩形成明暗对比，丰富空间层次感

△ 高明度的色彩搭配带来轻快活泼的感觉

第2节 经典的色彩搭配方式

学习如何配色，首先要培养自己对色调的认识和感觉，从感性的角度逐渐去感悟色调的优美，多去观察身边不同事物的色彩，多去学习优秀作品的色调应用；然后再从理性认识的角度，去分析不同颜色之间的关系，学会运用这些色调，最终能够使自己作品中的色彩发挥独特的作用。

 2.1　同类色搭配

12色相环中，同类色相当于单色；24色相环中，同类色相当于相邻的两色。同类色搭配是指不同纯度和明度的同类色组合，例如青色配天蓝色，墨绿色配浅绿色，咖啡色配米色，深红色配浅红色等，色彩搭配得极有顺序感和韵律感。许多高端奢侈品品牌的配色也相对比较单一，所以同类色搭配法虽然颜色单一，但容易给人高端优雅的感觉。

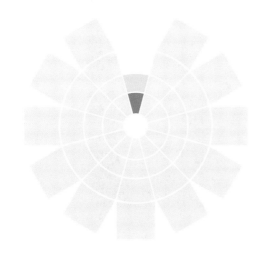

△ 同类色搭配应用简便，给人优雅舒适的感觉

在室内装饰中，运用同色系做搭配是较为常见、最为简便并易于掌握的配色方法。同色系中的深浅变化及其呈现的空间景深与层次，可让整体尽显和谐一致的美感。但必须注意同类色系搭配时，色彩之间的明度差异要适当，相差太小，太接近的色调容易相互混淆，缺乏层次感；相差太大，对比太强烈的色调会造成整体的不协调。同类色系搭配时最好深、中、浅三个层次变化，少于三个层次的搭配显得比较单调，而层次过多容易显得杂乱。

此外，虽然同类色系搭配的方式可以创造一个稳重舒适的室内环境，但这并不意味着在同色系组合中不采用其他的颜色，少量的点缀还可以起到画龙点睛的效果，只要把握好合适的比例即可。

2.2　邻近色搭配

邻近色是指 12 色相环上相邻的两个色相组合，24 色相环中，邻近色相当于间隔一色或两色，如黄色与绿色，黄色与橙色，红色与紫色等。虽然它们在色相上有很大差别，但在视觉上却比较接近。搭配时通常以一种颜色为主，另一种颜色为辅。一般来讲，邻近色是指两个颜色之间有着共用的颜色基因，因此邻近色不管怎么搭配，都会显得和谐而自然。

邻近色搭配是在选定一种自己喜欢的颜色后，再从色谱上选取几种与这种颜色相邻的颜色，并根据各种颜色，采用按不同比例进行搭配的配色方案。这种搭配方式在视觉上的感受会较同色系的搭配丰富许多，让空间呈现多元层次与协调的视觉观感。搭配时一方面要把握好两种色彩的和谐，另一方面又要使两种颜色在纯度和明度上有区别，使之互相融合，取得相得益彰的效果。此外，邻近色搭配还有另一个诀窍，就是选定一个颜色后，仅仅去调整它的明度和纯度来得到其他的颜色，将两者进行搭配，这种搭配方法往往能得到很好的效果。

△ 同类色搭配的空间中通过亮色小饰品的点缀，增加动感与活力

△ 虽然都为蓝色系的同类色搭配，但墙面、抱枕、台灯之间通过拉大明度差异实现层次感的变化

△ 鲜黄色沙发与橙色单椅形成一组邻近色组合，水蓝色休闲椅的加入起到了很好的点缀作用

△ 红色与紫色的邻近色组合虽然给人以协调的视觉感受，但也要确定好主次之分

△ 邻近色搭配的技巧是先确定一个主色调，再去调整它的纯度和明度来得到其他颜色

 ## 2.3　对比色搭配

对比色是两种可以明显区分的色彩，在 24 色相环上相距 120 度到 180 度之间，在 12 色相环上相当于间隔三个颜色的颜色。三个基础色互为对比色，如红色与蓝色、红色与黄色、蓝色与黄色；三个二次色互为对比色，如紫色与橙色，橙色与绿色，绿色与紫色。

对比色拥有一种令人兴奋的视觉感，但是它缺乏单色调与和谐色的那种安全感，所以很多人不敢把这些颜色应用到家居设计当中去，其实只需运用一些小技巧，利用它们充满活力的特点，就能让室内空间更加生动。例如想要表达开放、有力、自信、坚决、活力、动感、年轻、刺激、饱满、华美、明朗、醒目之类的空间设计主题，可以运用对比色配色。对比配色的实质就是冷色与暖色的对比，在同一空间，对比色能制造富有视觉冲击力的效果，让房间个性更明朗，但不宜大面积同时使用。

在软装设计中，运用对比色搭配是一种极具吸引力的挑战。因为在强烈对比之中，暖色的扩展感与冷色的后退感都表现得更加明显，彼此的冲突也更为激烈。要想实现恰当的色调平衡，最基本的就是要避免色彩形成混乱。弱化色彩冲突的要点首先在于降低其中一种颜色的纯度；其次注意把握对比色的比例，最忌讳两种对比色使用相同的比例，除了突兀，更会让人感觉视觉不快。所以，在对比色中也要确定一种主色，一种辅色。一般来说，主色多用在室内顶面、墙面、地面等面积较大的地方；辅色则用于家具、窗帘、门框等面积较小的地方，再配以少许的白色、灰色、黑色等与之组合，就是一个成功的配色案例。当然只要能把握住色彩比例也可灵活使用。

黑白对比色的搭配是现代风格室内装饰中经常出现的色彩组合，在使用时比例上要合理，分配要协调，过多的黑色会使家失去应有的温馨感；大面积铺陈白色装饰，以黑色作为点缀，这样的效果显得鲜明又干净。另外，适当运用一些曲线条的饰品也可以柔化黑白风格的冷硬。

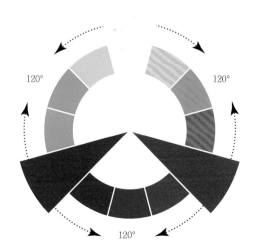

△ 深石青色的沙发上加入亮黄色抱枕的点缀，增加活力的
　同时也与墙面挂画形成呼应

△ 翠蓝色背景墙与红色沙发、窗帘形成鲜明的对比，营造
　视觉冲击力

△ 黑白对比色的搭配简洁现代，在应用时注意对黑色部分的比例把握

△ 紫色睡床与绿色墙面互为对比关系，卧室显现出柔媚气质的同时不失清爽亮丽

△ 对比色的应用注意主次之分，切不可两种颜色采用相同的比例

2.4 中性色搭配

　　黑色、白色及由黑白调和的各种深浅不同的灰色系列，称为中性色。中性色是介于三大色——红、黄、蓝之间的颜色，不属于冷色调，也不属于暖色调，主要用于调和色彩搭配，突出其他颜色。中性色搭配融合了众多色彩，从乳白色和白色这种浅色中性色，到巧克力色和炭色等深色色调。其中黑、白、灰是常用到的三大中性色，能对任何色彩起谐调和缓解作用。它给人们轻松的感觉，可以避免疲劳，使整体配色显得沉稳、得体、大方。

　　中性色搭配是应用非常广泛的一种软装设计配色方案，但是使用不当也会带来反作用，让人觉得乏味，如果想要中性色搭配体现出趣味性，需要做到以下几点：首先，明确中性色是多种色彩的组合而非使用一种中性色，并且需要通过深浅色的对比营造出空间的层次感；其次，在中性色空间的软装搭配中，应巧妙利用布艺织物的纹理与图案创造出设计的丰富性；最后，要把握好色彩的比例，使用过多的黑白色容易使空间显得压抑，在用中性色为主色的基础上，增添一些带彩色的中性色可以让整个配色方案更显出彩。

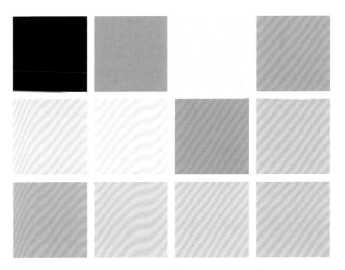

△ 常见中性色

△ 中性色配色方案中，需要增加色彩之间的深浅变化以打破整体的乏味感

△ 利用地毯布艺的纹样，使得中性色空间更富趣味性

△ 美式乡村风格的餐厅使用中性色搭配，给人和谐、自然的感受

 2.5 互补色搭配

　　互补色搭配是指在色相环上距离180度左右的色彩组合，处于色相环直径的两端，是最强烈的对比，因为两色互补，称其为互补色对比。以红和绿、黄和紫、蓝和橙为最典型，它比对比色的视觉效果更加强烈和刺激。互补色的运用需要较高的配色技能，一般可通过面积大小、纯度、明亮的调和来达到和谐的效果，使其表现出特殊的视觉对比和平衡效果。

　　由于互补色之间的对比相当强烈，因此想要适当地运用互补色，必须特别慎重考虑色彩彼此间的比例问题，配色时，必须利用大面积的一种颜色与另一个面积较小的互补色来达到平衡。如果两种色彩所占的比例相同，那么对比会显得过于强烈。例如红色与绿色如果在画面上占有同样面积，就容易让人头晕目眩。可以选择其中之一的颜色为大面积，构成主调色，而另一颜色为小面积，作为对比色。一般会以3∶7甚至2∶8的比例作为分配原则。并且适当使用自然的木头色、黑色或白色进行调和。

△ 蓝色与橙色组成的互补色组合带来强烈、刺激的视觉效果

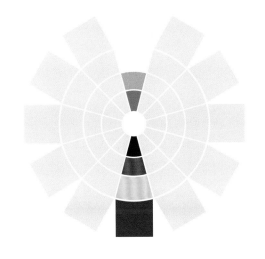

△ 红绿色的互补色组合是中国民俗文化中十分常见的色彩搭配方案

△ 以红色沙发为主体色，再加入苹果绿的台灯作为小面积的点缀，达到画面的平衡感

第3节 / 认识色彩的视觉感受

色彩在客观上是对人们视觉的一种刺激和象征；在主观上又是一种反应与行为。无论有彩色还是无彩色，都有自己的视觉感受。每一种色相，当它的纯度和明度发生变化时，视觉感受也就随之产生变化。

 ## 3.1 色彩的冷暖感

色彩本身无所谓冷暖，不同的色彩作用于人的感官，只是在每个人的心理上引起冷一些或暖一些的感觉和反应。色彩的冷暖感主要是色彩对视觉的作用而使人体所产生的一种主观感受。

红色、黄色、橙色以及倾向于这些颜色的色彩能够给人温暖的感觉，通常看到暖色就会联想到灯光、太阳光、荧光等，所以称这类颜色为暖色；蓝色、蓝绿色、蓝紫色会让人联想到天空、海洋、冰雪、月光等，使人感到冰凉，因此称这类颜色为冷色。在无彩色系中，大多属冷色，灰色、金银色为中性色，黑色则为偏暖色调，白色为冷色。

在生活中，色彩的冷暖感应用很广。例如在喜庆场合多采用纯度较高的暖色，夏季适用冷色，而冬季则多用暖色。总之，应该根据实际要求来调节冷暖感觉，掌握色彩的性能和特点。

冷色调的亮度越高，越偏暖，暖色调的亮度越高，越偏冷。例如深紫色属于冷色，但浅浅的香芋紫色属于暖色。

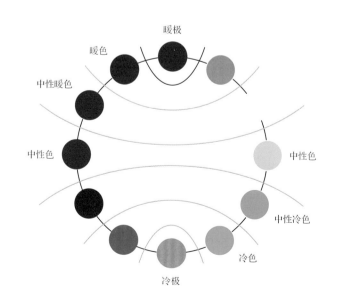

△ 暖色搭配的空间适合表现喜庆氛围

△ 冷色搭配的空间给人一种清凉感

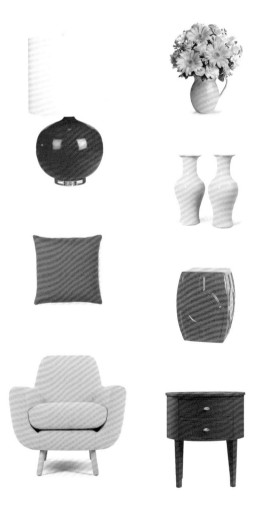

△ 暖色系软装元素

△ 冷色系软装元素

3.2 色彩的轻重感

白色的云给人漂浮的感觉，而黑色的金属给人的感觉自然是沉重了。

色彩的轻重感是由于不同的色彩刺激，而使人感觉事物或轻或重的一种心理感受。决定轻重感的首要因素是明度，明度越低越显重，明度越高越显轻。明亮的色彩如黄色、淡蓝等给人以轻快的感觉，而黑色、深蓝色等明度低的色彩使人感到沉重。其次是纯度，在同明度、同色相条件下，纯度高的感觉轻，纯度低的感觉重。

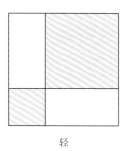

轻　　　　　　　　　　重

所有色彩中，白色给人的感觉最轻，黑色给人的感觉最重。从色相方面来说，暖色黄、橙、红给人的感觉轻，冷色蓝、蓝绿、蓝紫给人的感觉重。

在室内装饰中，空间过高时，可用较墙面温暖、浓重的色彩来装饰顶面。但必须注意色彩不要太暗，以免使顶面与墙面形成太强烈的对比，使人有塌顶的错觉；空间较低时，顶面最好采用白色，或比墙面淡的色彩，地面采用重色。

△ 白色感觉最轻，黑色感觉最重，也就是说明度越高，色彩感觉越轻

△ 在同等明度的情况下，暖色系的黄色比冷色系的蓝色感觉要轻

△ 层高较低的空间顶面可采用白色，让视觉感更加开阔

△ 层高过高的空间顶面可采用较墙面更浓重的颜色，降低视觉重心

3.3　色彩的软硬感

　　色彩的软硬感主要取决于明度，一般来说，明度高的色彩给人以柔软、亲切的感觉，明度低的色彩则给人坚硬、冷漠的感觉。此外，色彩的软硬感还与纯度有关，高纯度和低明度的色彩都呈坚硬感；高明度和低纯度的色彩有柔软感，中纯度的色彩也呈柔软感，因为它们容易使人联想到动物的皮毛和毛绒织物。暖色系较软，冷色系较硬。在无彩色中，黑色与白色给人较硬的感觉，而灰色则较柔软。进行软装设计时，可利用色彩的软硬感来创造舒适宜人的色调。

△ 同样都是白色，明度较高的饰品显得柔软，明度较暗的饰品显得坚硬

△ 即使是纯度很高的橙色，在降低了明度以后，也会给人一种坚硬感

△ 纯度低但明度高的粉色系沙发，给人一种轻柔舒适感

 ### 3.4　色彩的进退感

　　同一背景、面积相同的物体，由于其色彩的不同有的给人有突出向前的感觉。有的则给人后退深远的感觉。

　　色彩的进退感多是由色相和明度决定的，活跃的色彩有前进感，如暖色系色彩和高明度色彩就比冷色系和低明度色彩活跃。冷色、低明度色彩有后退感。色彩的前进与后退还与背景密切相关，面积对比也很重要。

　　在室内装饰中，利用色彩的进退感可以从视觉上改善房间户型缺陷。如果空间空旷，可采用前进色处理墙面；如果空间狭窄，可采用后退色处理墙面。例如把过道尽头的墙面刷成红色或黄色，墙面就会有前进的效果，令过道看起来没有那么狭长。如果房间太过狭长，在两面短墙上所用的色彩应比两面长墙上的更深暗一些，即短墙要用暖色，而长墙要用冷色，因为暖色具有向内移动感。另一种方法是在墙面铺贴墙纸，至少一面短墙上的墙纸颜色要深于其中一面长墙上的墙纸颜色，而且墙纸要用鲜明的水平排列的图案。这样的处理会产生将墙面向两边推移的效果，从而增加房间的视觉空间。

△ 低明度和冷色系的色彩具有后退感

△ 过道端景墙刷成红色或黄色，墙面在视觉上会有前进的效果

△ 过道端景墙刷成红色或黄色，墙面在视觉上会有前进的效果

△ 高明度和暖色系的色彩具有前进感

△ 狭窄的过道墙面运用冷色会显得更加开阔，短墙上布置一幅红色挂画
  缩短进深感

△ 冷色系中明度较低的宝蓝色沙发在视觉上具有一定的收缩感

△ 暖色系中明度较高的明黄色沙发在视觉上具有膨胀感

3.5　色彩的缩扩感

　　物体看上去的大小，不仅与其颜色的色相有关，而且与明度也有很大关系。暖色系中明度高的颜色为膨胀色，可以使物体看起来比实际的大；而冷色系中明度较低的颜色为收缩色，可以使物体看起来比实际的小。像藏青色这种明度低的颜色就是收缩色，因而藏青色的物体看起来就比实际的小一些。明度为零的黑色更是收缩色的代表。

　　在室内装修中，只要利用好色彩的缩扩感，就可以使房间显得宽敞明亮。比如，粉红色等暖色的沙发看起来很占空间，使房间显得狭窄，有压迫感。而黑色的沙发看上去要小一些，让人感觉剩余的空间较大。

色彩在室内装饰中应把握四方面的要素：首先是主体色，指那些可移动的家具和陈设部分的中等面积的色彩组成部分，这些是真正表现主要色彩效果的部分，在整个室内色彩设计中起到非常重要的作用；其次是背景色，主要是室内空间的几大界面——墙面、顶面、地面与门窗等大面积部分的色彩；再者是衬托色，常是体积较小的家具色彩，常用于陪衬主体，使主体更加突出；第四就是点缀色彩，指室内环境中最醒目、最易于变化的小面积色彩，如壁饰、摆饰、靠垫、布艺等小物件的色彩。

4.1 构成视觉中心的主体色

主体色主要是由大型家具或一些大型室内陈设、装饰织物所形成的中等面积的色块。主体色在室内空间中具有重要作用，通常形成空间中的视觉中心；同时也是构成室内设计风格的主要体现。它们与背景色成为控制室内总体效果的主导色彩。在空间环境中，主体色需要被恰当的突显，才能在视觉上形成焦点，让人产生安心感。很多时候，主体色彩是通过材质本身的颜色来体现的。例如客厅中的沙发、卧室中的睡床的颜色就属于其对应空间里的主体色。

主体色是室内色彩的主旋律。通常在小房间中，主体色宜与背景色相似，整体协调、稳重，使得空间看上去显得更大一点。若是大房间中，则可选用与背景色或配角色呈对比的色彩，产生鲜明、生动的效果，以改善大房间的空旷感。

△ 客厅中的沙发和卧室中的睡床的颜色就是其对应空间里的主体色

△ 作为主体色的三人沙发通常就是客厅空间中的视觉焦点

△ 主体色与背景色相协调，整体显得优雅大方

△ 主体色与背景色呈对比关系，整体显得富有活力

4.2 支配空间效果的背景色

　　背景色常指室内的墙面、地面、天花、门窗等色彩。就软装设计而言主要指墙纸、墙漆、地面色彩，有时可以是家具、布艺色彩等一些大面积色彩。背景色由于其绝对的面积优势，支配着整个空间的效果。因为在视线的水平方向上，墙面的面积最大，所以在空间的背景色中，以墙面的颜色对空间效果的影响最大。

　　不同的色彩在不同的空间背景下，因其位置、面积、比例的不同，对室内风格、人的心理感受与情感反应造成的影响也会有所不同。例如：在硬装上，墙纸、墙漆的色彩就是背景色；而在软装上，家具就从主体色变成了背景色来衬托陈列在家具上的饰品，形成局部环境色。

　　根据色彩面积的原理，多数情况下，空间背景色多为低纯度的沉静色彩，明度也不要太高，形成易于协调的背景。

△ 在背景色中，墙面作为家具在水平线上的主要背景，影响力最大　　　　△ 相对于陈列在柜子上的饰品而言，柜子从主体色变成了背景色

4.3　锦上添花效果的衬托色

衬托色在视觉上的重要性和体积次于主体色，通常分布于小沙发、椅子、茶几、边几、床头柜等主要家具附近的小家具之上。

如果衬托色与主体色保持一定的色彩差异，可以制造空间的动感和活力，但注意衬托色的面积不能过大，否则就会喧宾夺主。衬托色也可以选择主体色的同一色系和相邻色系，这种配色更加雅致。如果为了避免单调，可以通过提高衬托色的纯度形成层次感，由于与主体色的色相相近，整体仍然非常协调。

△ 橙色沙发凳面积不大，很好地衬托出翠蓝色的主体沙发

△ 作为衬托色的床头柜和作为主体色的床之间保持一定的色彩差异，制造出活
　力与动感

△ 衬托色与主体色为同一色系，通过纯度差异形成层次感

△ 作为衬托色的常见软装元素

4.4　起到强调作用的点缀色

　　点缀色是室内环境中最易于变化的小面积色彩，常常会出现在一些花艺、灯具、抱枕、艺术品、摆饰或壁饰上。点缀色一般都会选用高纯度的对比色，用来打破单调的整体效果。虽然点缀色的面积不大，但是却在空间里具有很强的表现力。

　　点缀色具有醒目、跳跃的特点，在实际运用中，点缀色的位置要恰当，避免成为画蛇添足之作。在面积上要恰到好处，如果面积太大就会将统一的色调破坏，面积太小则容易被周围的色彩同化而不能起到作用。此外需要注意的是，不要为了丰富色彩而选用过多的点缀色，这会使室内显得零碎混乱，应在总体环境色彩协调的前提下适当地点缀，以便起到画龙点睛的作用。

　　在室内装饰中，整个硬装的色调比较素或者比较深的时候，在软装上可以考虑用亮一点的颜色来提亮整个空间。如果硬装和软装是黑白灰的搭配，可以选择一两件颜色比较跳跃的单品来活跃氛围。黑白灰的色调里可以添加一抹红色、橘色或黄色，这样会带给人不间断的愉悦感受。

△ 小面积和高纯度是点缀色的两个特点

△ 作为点缀色的常见软装元素

△ 深色卧室空间中，通过橙色抱枕的点缀活跃空间氛围

影响空间配色的因素

一个有品位的家居空间或商业空间设计，必然是各种色彩有序搭配、和谐互补的，不然就算用再高档的材料、再过硬的施工，若不注意空间色彩的搭配与协调，一样会显得不伦不类。同时，空间配色时需要从多个方面考虑，影响整体配色效果的通常有空间功能用途、居住人群、材质差异、硬装配色、光线影响、配色比例以及配色数量等几大因素。

△ 如果没有特殊要求，卧室空间通常以暖色调或中性色调为主，有利于营造温馨舒适的睡眠环境

5.1 空间功能用途

室内空间的使用功能会一定程度上影响到色彩的运用，不同功能空间往往带来不同的色彩氛围需求，这一点是室内环境色彩设定时首先要考虑的。

一般来说起居室宜选用明快活泼的色彩，显得明亮、放松或温暖、舒适；而卧室的风格则可以依人的品位而定，一般卧室的色彩最好偏暖，显得柔和一些；书房的色彩宜雅致、庄重、和谐；餐厅宜以暖色为主色调，容易增加食欲；厨房适合采用浅亮的颜色，但要注意慎用暖色；过道和玄关只是起通道的作用，因此可大胆用色。

△ 客厅的色彩除了呼应整体风格之外，还要注意不同色彩之间的协调

 ## 5.2 空间居住人群

　　色彩的运用是室内设计的重要组成部分，是室内设计中最直观、最富有变化的因素。居住人群的不同对色彩的应用也各有需求。

　　女性居住的空间应展现出女性特有的温柔美丽和优雅气质，以温柔的红色、粉色等暖色系为主，色调反差小，过渡平稳。此外，紫色具有特别的效果，尤其是纯度不同的紫色，更能创造出具有女性特点的氛围。

　　男性居住的空间应表现厚重或冷峻的印象，大多以冷色系或黑、灰等无彩色为主，明度、纯度较低。蓝色和灰色可以展现出理性的男性气质；深暗色调的暖色，例如深茶色与深咖色，会传达出力量感和厚重感；藏青与灰色的搭配则体现商务人士的工作氛围。此外，通过冷暖色强烈的对比来表现富有力度的阳刚之气，是表现男性印象的要点之一。

空间主色 / C 50 M 70 Y 80 K 10

△ 深暗色调的暖色，同样可以营造出力量感和厚重的氛围

空间主色 / C 60 M 100 Y 50 K 10

△ 高纯度的紫红色与水蓝色形成一组对比色，创造出一个追求个性的年轻女性的卧室空间

空间主色 / C 0 M 0 Y 0 K 100

△ 黑白灰搭配的无彩色空间适合追求极致现代简约的男性居住者

空间主色 / C 93 M 92 Y 50 K 20

△ 蓝色代表理性与高级，具有典型的男性气质

空间主色 / C 50 M 60 Y 10 K 0

△ 紫色是具有浪漫特征的颜色，最适合创造出女性氛围

空间主色 / C 20 M 60 Y 10 K 0

△ 粉色是女性的代表色，大面积应用展现出甜美、梦幻的感觉

△ 自然材质的色彩能给空间带来质朴自然的氛围

 ## 5.3　空间材质差异

　　家居空间常用材质一般分为自然材质和人工材质。自然材质的色彩细致、丰富，多数具有朴素淡雅的格调，但缺乏艳丽的色彩，通常适用于清新风格、乡村风格等，能给空间带来质朴自然的氛围。人工材质的色彩虽然较单薄，但可选色彩范围较广，无论素雅或鲜艳，均可得到满足，适用于大多数软装风格。

　　材质的表面有很多种处理方式，即使是同一种材料，以石材为例，抛光的花岗岩表面光滑，色彩纹理表现清晰，而烧毛的花岗岩表面混沌不清，色彩的明度变化，纯度降低。物体表面的光滑度或粗糙度可以有许多不同级别，一般来说，变化越大，对色彩的改变也越大。

　　材质本身的花纹、色彩及触觉形象称为肌理。肌理紧密、细腻会使色彩较为鲜明；反之，肌理粗犷、疏松会使色彩黯淡。有时对肌理的不同处理也会影响色彩的表达。同样是木质家具上的清漆工艺，即使色彩一样，光亮漆的色彩就要比哑光漆的色彩来得鲜艳、清晰。

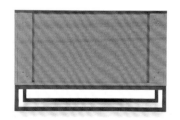

△ 同样的橙色，光滑的材质表面会让色彩表现得十分清晰，粗糙的材质表面会降低色彩的纯度

△ 乡村风格空间中会较多地运用木材、砖石等自然材质的色彩

△ 人工材质的色彩范围较广

白色或是浅冷色，而把墙面刷成与之对比较强的颜色，这样效果非常显著。反之，如果希望顶面显得低一些，则选用暖色或鲜艳的冷色，视觉上会使它显得比较低。

△ 现代风格的空间中会较多地运用人工材质的色彩

△ 白色顶面与深灰色墙面对比强烈，可以产生拉升视觉层高的作用

5.4 空间硬装配色

1. 顶面色彩

首先，一般建议客厅的顶面不要比地面的颜色深，尤其是如果层高不高时，以浅色较佳，可以产生拉伸视觉层高的作用。其次，虽然使用纯白色最为安全，但想要营造气氛，比如想让客厅产生神秘感，可以使用暗色系。但也要视地面与墙的色彩而定，不宜过于沉重，否则容易使人产生压迫感。再者，吊顶比墙面受光少，选择比墙面浅一号的色彩会有膨胀效果。

如果希望顶面比实际情况显得更高，就把它刷成白色、灰

△ 蓝色顶面与客厅沙发的色彩上下呼应，给空间带来一种神秘感

△ 暖色的顶面会让层高在视觉上显得更低一些

2. 墙面色彩

墙面在家居空间环境中发挥着最重要的衬托功能。装饰前不要急于敲定墙面颜色，先想清楚家中的整体风格，从收集的图片灵感中缩小范围，集中到一种风格上。还可以反过来，先排除掉自己最不想用的颜色。例如北欧风格的墙面以灰、白、米色等中性色彩为主。深沉的棕色、绿色，可以营造出传统古典的味道。

墙面颜色的选定，还要考虑到由于气温等因素给环境带来的影响。比如，朝南的房间，墙面宜用中性偏冷的颜色，这类颜色有绿灰色、浅蓝灰色、浅黄绿色等；朝北的房间则应选用偏暖的颜色，如奶黄色、浅粉色、浅橙色等。

墙面的颜色能影响房间的氛围，浅色的墙面让房间有开阔感，显得清爽。深色的墙面让房间有紧凑感，更亲切。有时可以利用色彩的特性，如用同样明度的不同颜色，从视觉上把一个大区域分成两个或更多独立的空间，为每个空间制定不同的色彩主题。这样不需要隔断，就能分隔出不同的空间。

通常一种颜色，在明暗、深浅、冷暖、饱和度等方面稍做变化，就会给人很不一样的感觉。比如白色的墙面，就有很多种细微差别，带一点浅黄的米色调让人觉得温暖亲和，而灰白色则给人以清冷中性感。所以在选墙面颜色时，多拿色板做对比，体会气氛、风格、心情的不同。墙面并不是只能涂一种颜色，渐变色、多色混搭，能给家里带来全新的感觉。多色搭配时，最好选择基调相近的色彩，这样能保持风格的一致性，同时又更富有层次感。另外，搭配色不宜过多，否则很容易显得杂乱而没有主题。

此外，很多人以为色卡上的涂料颜色和刷上墙面的颜色完全一致，这是一个误区。由于光线反射等原因，房间四面墙在上漆之后，墙面颜色看起来会比色卡上深，所以居住者在色卡上看到的颜色与涂料上墙后的实际颜色通常会有所差异。建议业主在色卡中选色时，最好挑选自己喜欢的颜色稍微浅一号的色号，如果喜欢深色墙面，可以调成与所选色卡颜色一致的。

△ 浅色特别是白色的墙面会让房间显得更加开阔

△ 如果想在同一房间内的墙面上应用多种颜色，可选择相同色调但不同纯度的多种颜色

△ 暖色系的墙面适用于朝北的房间

△ 冷色系的墙面适用于朝南的房间

△ 同样都是白色墙面，带一点浅黄的米色调让人觉得温暖亲和，而灰白色则给人以清冷中性感

△ 深色的墙面让房间显得更有紧凑感

△ 深色地面给人视觉上的稳定感，适合大户型的居室

△ 小户型居室适合选择浅色的地面，让空间显得更大

3. 地面色彩

地面色彩构成中，地板、地毯和所有落地的家具陈设均应考虑在内。地面通常采用与家具或墙面颜色接近而明度较低的颜色，以期获得一种稳定感。有的居住者认为地面的颜色应该比墙面更重才好，对于那些面积宽敞、采光良好的房子来说，这是比较合理的选择。但在面积狭小的室内，如果地面颜色太深，就会使房间显得更狭小了，所以在这种情况下，要注意整个室内的色彩都要具有较高的明度。

改变地面的颜色也可以改变房间的视觉高度，浅色地面让房间显得更高，深色地面让房间显得更稳定，并且把家具衬托得更有品质，更有立体感。

△ 地面的色彩作为室内背景色之一，可以衬托空间中的家具

△ 对于需要营造温馨感的卧室来说，白炽灯柔和的黄色光线具有促进睡眠的作用

 ## 5.5 空间光线影响

相同的色调在不同光线下会显得不同，因此必须要考虑光线的作用。一般来讲，明亮、自然的日光下，呈现的色彩最真实。

首先要观察房间里有几扇窗，采光的质量和数量如何。人造光会影响人们对颜色的判断，尤其是没有自然光的浴室空间，所以在选择颜色时，一定要考虑在什么颜色的灯光下使用。白炽灯会使大多数色彩显得更暖、更黄，但蓝色会显得发灰。荧光灯会使色彩显得更冷，而卤素灯最接近自然的日光。可以把要选的颜色放到暖色的白炽灯下或冷色的荧光灯下，看哪种呈现出来的效果是最想要的。

△ 书房空间中需要用眼作业，适合采用明亮的荧光灯

△ 白炽灯会使色彩显得更暖更黄，具有稳重温暖的感觉

△ 荧光灯会使色彩显得更冷，具有清新爽快的感觉

5.6 空间色彩比例

学配色，必须先了解配色比例。家居色彩黄金比例为6：3：1，其中60%为背景色，包括基本墙面、地面、顶面的颜色，30%为辅助色，包括家具、布艺等颜色，10%为点缀色，包括装饰品的颜色等，这种搭配比例可以使家中的色彩丰富，但又不显得杂乱，主次分明，主题突出。

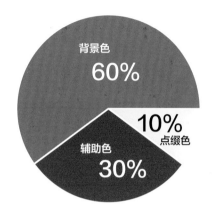

背景色	顶面、墙面、地面	60%	
辅助色	沙发、柜子	30%	
点缀色	抱枕、挂画、台灯	10%	

△ 空间色彩比例分析

5.7 空间色彩数量

色彩数量影响到空间的装饰效果，通常分为少色数型和多色数型。三色以内都是少色数型，三色指的是三种色相，例如深红和暗红可以视为一种色相。如果客厅和餐厅是连在一起的，则视为同一空间。白色、黑色、灰色、金色、银色不计算在三种颜色的限制之内。但金色和银色一般不能同时存在，在同一空间只能使用其中一种。图案类以其呈现色为准。例如一块花布有多种颜色，由于色彩有多种关系，所以专业上以主要呈现色为准。判断办法是眯着眼睛即可看出其主要色调。但如果一个大型图案的个别色块很大的话，同样得视为一种颜色。

虽然在家居装饰中常常会强调，同一空间中最好不要超过三种颜色，色彩搭配不协调容易让人产生不舒服的感觉。但是，三种颜色显然无法满足一部分个性达人的需要，不玩混搭太容易审美疲劳了，所以以多色数型的空间配色方案也越来越多。多色数型的色彩数量不受限制，可自由使用，呈现出自由奔放的舒畅感。想要玩转多色数型配色，秘诀就在于掌握好色调的变化。

两种颜色对比非常强烈时通常需要一个过渡色，例如嫩嫩的草绿色和明亮的橙色在一起会很突兀，可以选择鹅黄色作为过渡。蓝色和玫红色放到一起跳跃感太明显，可以加入紫色来牵线搭桥。过渡色的点缀可以以软装的形式来体现，比如沙发、布艺、花艺等。这样多种色彩就能够在协调中结合，从视觉上削弱色彩的强度。

△ 少色数型空间显得简洁干练

△ 多色数型空间呈现自由奔放的舒畅感

△ 三色指的是三种色相，例如上图虽然视觉上给人五彩缤纷的感觉，但其实只包含紫、黄、绿三种色相

△ 蓝色与玫红色的搭配会显得过于跳跃，加入一个紫色角几起到调和作用

学习色彩设计可以从大自然、摄影作品、电影画面、服饰配饰和家居软装杂志上获得灵感来源，就像绘画艺术创作需要去生活中采风。另外，每年世界权威色彩机构Pantone，都会发布流行色的趋势。它对于色彩搭配的引领，不仅限于时尚领域，软装设计界也会广泛运用，多关注这方面的信息对学习配色很有帮助。

 6.1 色彩的感觉源于大自然

大自然中蕴藏着丰富的色彩，植物、动物、山石、树木、花卉等，形与色千变万化，自然风光和气象也变化无穷，妙趣横生，可视为天然的色彩宝库。只要认真地加以观察、分析、研究，再从局部到整体给予取舍，就很容易把色彩运用到设计中来。大自然是最伟大的设计师，从自然景观中提炼出来的配色体系，美丽、自然而优雅。这些色彩的完美组合，也能激发无穷的装饰创意及灵感，如果在软装设计中，采用的是自然中的配色方案，会让整个作品的色彩和谐而富有亲切感。

以自然为题材设计出的色彩组合及名称都带有浓厚的自然味。比如以风景命名的色彩有热带丛林色、沙漠色、草原色、海洋湖泊色等；以水果命名的色彩有橄榄色、柑橘色、李子紫、桃红、苹果绿、葡萄紫、柠檬黄等；以植物命名的色彩有咖啡色、茶色、豆沙色、柳绿色、嫩草色、玫瑰红、郁金香、花青色、橘黄色、草绿色、紫藤色等；以动物命名的色彩有鸨色（浅粉红）、鹦鹤色、黄鸾色、银鼠色、鼠灰色、珊瑚色、孔雀绿、鹤顶红等；以金属矿物命名的色彩有铁锈红、银灰、煤黑、金黄、紫铜色、青铜色、铜绿色、宝石蓝、钴蓝等。

向自然借鉴色彩的方法有很多，其中有效的方法是选择一些风景、动植物等色彩图片，对其色彩的组成加以分析，对其色彩的面积与比例关系进行计算、提炼、概括，然后形成若干个不同色谱，就可以把它们作为资料运用到色彩设计中了。

△ 从自然界中寻找色彩灵感

△ 把成熟稻谷的颜色应用于美式乡村风格的客厅，厚重感与怀旧感不言而喻

△ 将大海的颜色应用在卧室中，带来满满一室的清新氛围

△ 利用石材的天然色彩纹样组成一幅美丽的床头背景画面

△ 蒙德里安的色块分割法已经越来越多地被应用于软装设计中

6.3 从传统文化中汲取精华

中国传统文化艺术有着五千年的积淀，博大精深。如果软装色彩需要体现古典的民族的特色与精神时，可以从伟大的传统文化中去感悟和汲取。

全球文化的融合，使传统色彩变得日趋模糊，但仍然能从生活中发现流传已久的传统气息。存在于民族传统文化中的色彩，大都具有夸张、鲜艳、明快、简洁的特点，且对比强烈，又和谐统一。例如原始的彩陶、汉代的漆器、丝绸、唐三彩、苏杭蜀的织绣、明清的雕梁画栋等，以及民间的物质与非物质文化遗产：面人、泥人、年画、蜡染、扎染、民族服饰等，充满鲜艳浓烈的生活热情，具有浓郁的乡土气息和地域情韵。

6.2 从绘画作品中寻找灵感

绘画中的色彩具有充分的表现力和相对的独立性，表现方法丰富多彩，优秀的绘画作品中的色彩更是倾注了艺术家们丰富的情感，画面中有秩序的色彩刺激着观者的心理和感情，例如蒙德里安的色块分割手法。从优秀的绘画作品中去采集色彩，是一条更直接、更有效的途径。尤其是一些极具现代感和现代精神的作品，诸如塞尚、梵高、马蒂斯、毕加索等大师们的作品，具有现代审美理念，而且极富个性。根据这些绘画作品获得的色彩灵感所进行的设计，将具有不同变化的新鲜的配色效果，特别有利于摆脱自己固有的用色习惯，突破自己用色的局限性，从而涉足更广阔的色彩世界，体验更多的色彩韵味。

△ 唐三彩

△ 雕梁画栋

△ 织绣

△ 青花瓷

色彩灵感来源

▶

△ 新中式卧室的色彩灵感来源于原始的彩陶，表现出一种淡雅清静的传统之美

6.4　从时装中捕捉流行色彩

　　各个时期都有几种流行色彩来体现着时代气息，必须充分注意到这一点才能设计出具有时代感和富有创意的服装。所以到了每一季的时装发布会，都能带来新的色彩风潮，而流行色几乎总是从时装开始。敏锐的软装设计师能从潮流中捕捉到最新的色彩信息，并将它们运用到居室空间中去，不断为生活注入新的活力。

△ 从时装中寻找流行色彩

C 100　M 93　Y 27　K 0

C 38　M 41　Y 100　K 0

△ 金色与蓝色的搭配让空间不仅有古典的柔美，还有贵族的醒目，最好的调和剂便是那柜门上、灯饰上、抱枕上宁静的蓝调

第 2 章
软装色彩纹样的装饰应用

纹样通常指图案与纹理，从植物、风景到方格、条纹，从藤蔓、水果、动物到几何抽象纹样都可以选用。纹样是软装的情绪和表情，可以表达不同的风格特点，正确运用纹样可以让软装设计更有亮点。作为软装设计者，对纹样的了解至关重要。

1.1 软装纹样的装饰功能

1. 纹样的种类

纹样种类繁多，按纹样的出现时间段可分为古代纹样、近代纹样和现代纹样等；按纹样的制作程序可分为自然生成纹样、科技合成纹样等；按纹样的存在形式可以分为条形纹样、三角形纹样、方形纹样、圆形纹样、对称纹样等。

△ 古代纹样

△ 近代纹样

△ 现代纹样

△ 自然生成纹样

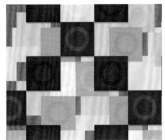
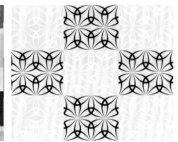

△ 科技合成纹样

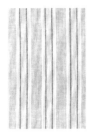

△ 条形纹样

△ 三角形纹样

△ 方形纹样

△ 圆形纹样

△ 对称纹样

2. 纹样的装饰要点

通常有浓重色彩、繁复花纹的纹样适合风格华丽的空间；简洁抽象的纹样能衬托现代感强的空间；带有中国传统文化的纹样最适合中式风格的空间。纹样可以通过自身的明暗、大小和色彩来改变空间效果。一般来讲，色彩鲜明的大花纹样，可以使墙面有前进感，或者使墙面有收缩感；色彩淡雅的小花纹样，可以使墙面有后退感，或者使墙面有扩展感。图案还可以使空间富有静感或动感。纵横交错的直线组成的网格纹样，会使空间富有稳定感；斜线、波浪线和其他方向性较强的纹样，则会使空间富有运动感。

△ 简洁抽象的纹样适合现代风格的空间

△ 斜线的纹样使空间富有动感

△ 浓重色彩、繁复花纹的纹样适合风格华丽的空间

△ 色彩淡雅的大花纹样使墙面具有后退感

△ 色彩鲜明的大花纹样使墙面具有前进感

△ 纵横交错的直线网格纹样会使空间富有稳定感

△ 带有中国传统文化的纹样适合中式风格的空间

 ## 1.2 室内设计常见的软装纹样

1. 回纹纹样

回纹是由古代陶器和青铜器上的水纹、雷纹、云纹等演变而来，由横竖短线折绕组成的方形或圆形的回环状花纹，形如"回"字，所以称作回纹。由于它一线到底，民间寓意为"不断头"；回纹的四方组合，被称为"回回锦"，寓意福寿吉祥、长远绵连。

最初的回纹是人们从自然现象中获得灵感而创造的，只是用在青铜器和陶器上做装饰。到了宋代，回纹被当作瓷器的辅助纹样，饰在盘、碗、瓶等器物的口沿或颈部。明清以来，回纹纹样在织绣、地毯、木雕、家具、瓷器和建筑装饰上随处可见，主要用作边饰或底纹，富有整齐划一而丰富的效果。

△ 回纹纹样

△ 回纹在古代的瓷器、地毯、家具中用作边饰或底纹

△ 现代软装设计中，回纹纹样通常作为一个中式符号应用在空间立面或家具、布艺等细节上（一）

2. 团花纹样

团花纹样也称"宝相花"或"富贵花"，是一种中国传统纹样，在隋唐时期已流行，常见于袍服的胸、背、肩等部位，至明清时极为盛行，成为固定的服饰纹样。

团花纹样以精美细致、饱满华丽的艺术样式著称，其特点是外形圆润成团状，内以四季草植物、飞鸟虫鱼、吉祥文字、龙凤、才子、佳人等纹样构成图案，结构呈四周放射状或旋转式或对称式。其寓意是金玉满堂、万事亨通、荣华富贵。

▷ 团花纹样

△ 团花纹样具有悠久的历史，是明清时期固定的服饰纹样

△ 团花图案样式精致华丽，寓意吉祥富贵

△ 现代软装设计中，回纹纹样通常作为一个中式符号应用在空间立面或家具、布艺等细节上（二）

3. 卷草纹纹样

卷草纹又称"卷枝纹"或"卷叶纹"，以柔和的波曲状线组成连续的草叶纹样装饰带。因盛行于唐代，又名唐草纹。卷草纹并不是以自然中的某一种植物为具体对象的。它如同中国人创造的龙凤形象一样，是集多种花草植物特征于一身，经夸张变形而创造出来的一种意象性装饰样式。因此，卷草纹寓意着吉利祥和、富贵延绵。

卷草纹根据装饰位置的不同，可成直线、转角，也可成圆形、弧形，可长可短，可方可圆，变化无穷，成为应用最为广泛的边饰纹样之一。

△ 卷草纹纹样

4. 佩斯利纹样

佩斯利纹又称"火腿纹"或"腰果纹"，是辨识度最高的布艺装饰图案之一，由圆点和曲线组成，状若水滴，内部和外部都有精致细腻的装饰细节，曲线和中国的太极图案有点相似。佩斯利图案的由来和波斯文化、古印度文化密不可分，作为装饰图案在建筑、雕塑、服装和饰物中都有应用。

佩斯利图案的形态寓意吉祥美好，绵延不断，外形细腻、繁复、华美，具有古典主义气息，较多地运用于欧式风格设计中。

▷ 佩斯利纹样

△ 卷草纹寓意富贵连绵，是软装设计中应用最为广泛的纹样之一

△ 佩斯利纹样表现出浓郁的欧式古典主义气息

5. 莫里斯纹样

莫里斯纹样具有丰富的美感，色彩统一素雅，以白色、米色、蓝色、灰色或红色为主体，带有中世纪田园风格的美感。莫里斯纹样以装饰性的植物题材作为主题纹样的居多，茎藤、叶属的曲线层次分解穿插，互借合理，排序紧密，具有强烈的装饰意味，可谓自然与形式统一的典范。

▷ 莫里斯纹样

△ 莫里斯纹样带有中世纪田园的美感，呈现出怀旧复古气息

6. 大马士革纹样

大马士革纹样是欧式风格设计中出现频率最高的元素，美式风格、地中海风格也常用这种纹样。这类纹样由中国格子布、花纹布通过古丝绸之路传入大马士革城后演变而来，在自然界中是不存在的。它大多的时候是一种写意的花形，表现形式也千变万化，现在人们常把类似盾形、菱形、椭圆形、宝塔状的花形都称作大马士革纹样。

罗马文化盛世时期，大马士革纹样普遍装饰于皇室宫廷、高官贵族府邸，因此带有一种帝王贵族的气息，也是一种显赫地位的象征。流行至今，通常大气的大马士革纹样、丰富饱满的褶皱以及精美的刺绣和镶嵌工艺都是搭配奢华床品的重要元素。

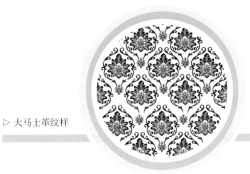

▷ 大马士革纹样

△ 大马士革纹样常用于欧式风格的软装设计，具有低调奢华的气质（二）

7. 碎花纹样

碎花纹样是小清新的最爱，也是田园风格软装设计中的主要元素。例如碎花墙纸、碎花窗帘、碎花布艺沙发等，这些小小的碎花图案能够轻松营造出春意盎然的田园风。

把碎花应用到家居设计中时，应注意一个空间中的碎花纹样不宜用太多，否则就会觉得杂乱。如果大小相差不多的碎花纹样，尽量采用同一种花纹和颜色；如果大小不同的碎花纹样，可以采用两种花纹和颜色。

△ 大马士革纹样常用于欧式风格的软装设计，具有低调奢华的气质（一）

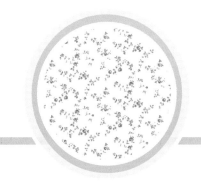

▷ 碎花纹样

△ 碎花纹样适合表现春意盎然的田园风

△ 色彩对比柔和的条纹纹样适合表现雅致的风格

8. 条纹纹样

条纹作为一款经典的纹样，装饰性介于格子与纯色之间，跳跃性不强，因此尽可以用来配合典雅的装饰。一般来说，垂直条纹可以让房间看起来更高，水平条纹可以让房间看起来更大。如果追求个性，对比鲜明的黑白条纹可吸引足够的目光；如果追求柔和的装饰效果，那么就选择淡色或者使用同一色系但深浅不同的色调；多彩的条纹可以让家中看起来更亲切热情，同时也可以显示居住者与众不同的眼光和对高品质生活的追求。

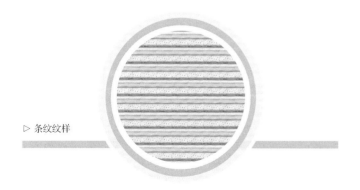

▷ 条纹纹样

△ 垂直条纹提升房间的视觉层高

△ 色彩对比鲜明的条纹纹样具有醒目的视觉效果

9. 格纹纹样

格纹是由线条纵横交错而组合出的纹样，它特有的秩序感和时髦感让很多人对它情有独钟。格纹没有波普的花哨，多了一份英伦的浪漫，如果室内巧妙地运用格纹元素，可以让整体空间散发出秩序美和亲和力。

格纹沙发椅更多运用在欧式、美式风格家居，给人一种略带俏皮的感觉。格纹靠枕常用在单色调居室中，从视觉上饱满了单色的感官度，同时因格子本身的时尚气质，提升了整个家居品位。由于格纹跳跃而显眼，所以尽量避免大面积的使用，尤其是大型的格子，适当点缀效果不错，但是用在床品、窗帘等大面积的地方要谨慎。

▷ 格纹纹样

△ 格纹纹样是英伦风格的特征之一，表现出秩序的美感

△ 格纹纹样是英伦风格的特征之一，表现出秩序的美感

△ 菱形纹样由于其对称的特性，在视觉上给人稳定、和谐的美感

10. 菱形纹样

菱形纹样很早就被人们所运用，早在 3000 年前马家窑文化时期的彩陶罐就用了菱形作为装饰。在苏格兰，菱形图案是权利的象征，苏格兰服装的经典菱格如今仍在广为流传。如今，菱形纹样更是经久不衰地活跃在一些奢侈品的皮具上，因为菱形图案本身就具备了均衡的线面造型，基于它与生俱来的对称性，从视觉上就给人心理稳定、和谐之感。

▷ 菱形纹样

△ 黑白对比的菱形纹样显得十分醒目，给人以个性的美感

软装纹样的装饰应用

纹样可以应用在顶面、墙面、地面、地毯、窗帘、沙发、抱枕、床上用品、地毯和灯罩上。但这些地方不能同时使用纹样，否则色彩会显得很杂乱。可以选择主要的一处带有纹样，如窗帘、一小面墙、沙发或床品，然后把纹样上的颜色变成色块，放置到房间各处，制造出统一协调的氛围。

⬙ 2.1 不同空间的纹样装饰要点

同一空间在选用纹样时，宜少不宜多，通常不超过两个纹样。如果选用 3 个或 3 个以上的纹样，则应强调突出其中一个主要纹样，减弱其他纹样；否则，过多的纹样会造成人视觉上的混乱。如果想让多种纹样和谐地运用在同一个房间内，可选择底色相同只有纹样造型不同的布艺，纹样最好为几何图形、剪影图形等二维图形。通常多色多纹样的搭配方式，最适合用在青少年房间。

过分抽象和变形较大的动植物纹样，只能用于成人使用的空间，不宜用于儿童房；儿童房的纹样应该富有更多的趣味性，色彩也可鲜艳一些；成人卧室的纹样，则应慎用纯度过高的色彩，以使空间环境更加稳定与和谐；动感明显的纹样，最好用在入口、走道、楼梯或其他气氛轻松的房间，而不宜用于卧室、客厅等空间。

△ 儿童房间的纹样除了色彩艳丽之外，还应富有更多的趣味性

△ 虽然墙面、地面与抱枕的纹样造型不同，但由于底色相同，所以视觉上依旧给人一种和谐的美感

△ 成人卧室中的纹样应降低色彩纯度，营造一个稳定和谐的空间

△ 如果室内选择3个或3个以上的纹样，应突出其中一个主要纹样，减弱其余纹样

2.2　室内硬装细节的纹样装饰

1.顶面纹样

　　顶面纹样不适合小户型空间，通常应用在面积较大的室内空间中。一类是以墙纸图案的形式出现，例如西方古典风格的空间中经常出现欧式复古的图案，传达贵族气质与浓郁的文化气息；一类是以装饰材料形成的纹样，最常见的如石膏雕花等，通常出现在欧式或新古典风格的空间中。在一些乡村风格居室中，常以天然的木质纹理作为顶面纹样；另外一类比较常见的是条纹或波浪纹之类的几何纹样，对于延伸空间感可以起到很好的作用，适用于简约风格空间。

△ 天然的木质纹理可以营造出质朴自然的氛围

△ 房间顶面复古色调的纹样传达出欧式古典风格的美感

△ 波浪纹样具有流动的美感，色彩上的呼应使得房间更有整体感

△ 石膏雕花的纹样精美华丽，最适合欧式风格房间的顶面设计

2.墙面纹样

墙面在室内环境中占面积最大，是最容易形成视觉中心的部分。因此，墙面色彩和纹样对塑造室内气氛有着举足轻重的作用。通过对墙面纹样的选择处理，可以在视觉和心理上改变房间的尺寸，能够使室内空间显得狭窄或者宽敞，可以改变室内的明暗度，使空间变得柔和。

墙面纹样不仅吸引视线，而且它比单纯的色彩更能影响空间。但要注意过于具象的图案内容会更加强烈地吸引人的注意力，一方面后期与其他软装饰品的搭配相对困难，另一方面作为空间的背景也过于活跃。通常儿童房、厨房等空间的使用功能相对单纯，只要选对业主喜欢的主题即可，即使纹样相对显眼也无大碍。

一般来说，凡是与室内家具协调的纹样都可以用在墙面上，这样是为了达到室内的整体性，但是有时在设计中也可以大胆采用趣味性很强的图案，以产生强烈的个性展示，既可以形成室内空间的视觉中心，又可以给人留下深刻印象。

如果要在墙面上运用图案，要考虑设计的比例。在小房间里使用大型纹样一定要谨慎对待，因为大型纹样的效果很强，容易使空间显得更小。相反，如果在面积很大的墙面上采用细小的纹样，远距离看时，就像难看的污渍。纹样的尺寸与将要运用该纹样的空间大小一定要比例相配，同时还要考虑带有纹样的墙壁前放置多少家具，这些家具会不会把纹样遮挡得支离破碎，如果是这样，不如考虑使用一个纯色。

△ 高明度的多彩条纹样既可以增加房间的活力，同时也在视觉上拉升空间感

△ 墙面纹样通常是客厅的视觉重心部分，对于营造室内气氛起到重要的作用

△ 墙面纹样作为空间中面积最大的部分，要注意与顶面、地面的纹样相呼应

△ 带有立体感的墙面纹样给人整面书柜的视错觉

△ 富有趣味性的墙面纹样起到护墙板的装饰作用

3. 地面纹样

光洁度高的地面能够有效地给人以提升空间高度的感受，但带有很强立体感的地面纹样不只能够活跃空间气氛，体现独特的豪华气质，同时也能够使空间显得更加充实。地面的纹样与平面形式和人体活动空间尺度之间也有一定的关系，完整连续的纹样可以提升空间完整性，但纹样的强度与空间尺度之间也应具有和谐的比例。

地面纹样通常有 3 种，一种是强调纹样本身的独立完整性，例如会议室的地面可采用内聚性的图案，以显示会议的重要性。色彩要和会议空间相协调，取得安静、聚精会神的效果；第二种是强调纹样的连续性和韵律感，具有一定的导向性和规律性，多用于玄关、走道及常用的空间；第三种是强调图案的抽象性，自由多变，自如活泼，常用于不规则或布局自由的空间。

△ 黑白棋盘格纹样呈现强烈对比，带来视觉冲击力

△ 玄关地面的纹样强调连续性和韵律感

△ 彩色地砖拼贴而成的大面积纹样富有装饰性，打破了白色墙面、橱柜以及家具的单调感

2.3　室内软装布艺的纹样装饰

室内风格的迥异也使布艺图案的选择变得十分重要。例如，如果家里的家具多为有繁复线条的西方古典风格，那么布艺的选择应避免格纹布类的乡村风格；如果家里是中式古典的厚重家具，布艺可选择清透的纱幔和柔软的丝缎类。要注意越是强烈的布艺色彩和图案对空间的填充作用越为明显，明艳的色彩和图案自身也需要缓冲空间。

1. 窗帘纹样

窗帘的纹样对室内气氛有很大影响，清新自然的花卉图案给人以乡村田园之感；色彩明快艳丽的几何图形给人以简洁现代之感；经典优雅的格纹给人复古英伦的浪漫之感。

窗帘纹样主要有两种类型，分别是抽象型和天然物质形态，抽象型如方、圆、条纹及其他形状；天然物质形态纹样如动物、植物、山水风光等。无论纹样是选择几何抽象形状，还是采用自然景物图案，均应掌握简洁、明快、素雅的原则。选择时应注意窗帘纹样不宜过于琐碎，要考虑打褶后的效果。

窗帘工艺主要分为印花、提花、绣花、烂花、剪花等。印花布艺的纹样是直接印上去的，具有极好的逼真感和手绘般的印染效果；提花布艺的纹样是由不同颜色的织物编织起来的，耐看而有内涵；绣花布艺是将各式纹样以刺绣的形式展现在窗帘上，纹样立体感强，精致细腻；烂花布艺是将布中部分材料腐蚀掉而造成布料部分薄的效果，纹样风格自由多变，既可以年轻活泼，也可以古典华丽；剪花布艺主要运用在窗纱上，纹样轮廓清晰鲜明，色彩斑斓，可以产生浮雕般的艺术效果。

一般来说，小型纹样文雅安静，使空间有扩大感；大型纹样比较醒目活泼，使空间有收缩感。所以小房间的窗帘纹样不宜过大，选择简洁的纹样为佳，以免空间因为窗帘的繁杂而显得更为窄小。大房间可适当选择大型的纹样，若房间偏高，选择横向纹样效果较好。

△ 带有花卉纹样的窗帘是表现乡村田园风格的不二选择

△ 格纹窗帘给房间带来浪漫的英伦风情

△ 色彩鲜艳的多彩几何纹样的窗帘适用于现代风格的房间

△ 层高较高的房间适合选择横向纹样的窗帘

△ 几何抽象形状的窗帘纹样

△ 自然物质形态图案的窗帘纹样

2. 床品纹样

　　呈序列的几何纹样能带来整齐、冷静的视觉感受，打造知性干练的卧室空间时采用这一类型的纹样是非常不错的选择；搭配自然风格的床品，通常以一款植物花卉纹样为中心，辅以格纹、条纹、波点、纯色等，忌各种花卉纹样混杂；格纹、条纹、卡通纹样是儿童房床品的经典纹样，强烈的色彩对比能衬托出孩子活泼、阳光的性格特征，面料宜选用纯棉、棉麻混纺等亲肤的材质。

　　想要营造奢华氛围的床品时多采用象征身份与地位的金黄色、紫色、玉粉色为主色调，表现出贵族名门的气质。一般此类床品用料讲究，多采用高档舒适的提花面料。大气的大马士革纹样、丰富饱满的褶皱以及精美的刺绣和镶嵌工艺都是搭配奢华床品的重要元素。

　　想要营造素雅氛围的床品通常不会运用中式的大红大紫，不会出现传统的炫丽多姿，也不会使用欧式的富丽堂皇，而是要采用单一色彩进行床品的配搭。在花纹上，也不会选取传统的花卉图案，取而代之的是线条简洁、经典的条纹、格纹的纹样。

△ 床品以花卉纹样为中心，辅以条纹纹样，打造出完美的自然风格

△ 呈秩序排列的几何纹样营造简洁知性的氛围

△ 单一色彩的格纹或条纹纹样适合打造素雅的卧室氛围

△ 卡通纹样是儿童房床品的特征之一

△ 金色床品搭配大马士革纹样，流露出贵族奢华的气质

3. 地毯纹样

（1）常见风格的地毯纹样

民族风格的地毯以花朵纹样为主，紧密而不显繁乱，多手工制作，充满着民族特色，如今的地毯加入了现代的元素，不局限于某一民族，融合出的纹样更加具有装饰性；

△ 民族风格的地毯纹样

中式风格家具多为深褐色、深木色等，因此地毯也应选择同一色系，达到风格的统一。可以选择具有抽象中式纹样的地毯，也可选择传统的回纹、万字纹或描绘着花鸟山水、福禄寿喜等中国古典纹样的地毯；

△ 中式风格的地毯纹样

欧式风格的地毯多以大马士革纹、佩斯利纹、欧式卷叶、动物、建筑、风景等纹样构成立体感强、线条流畅、节奏轻快、质地淳厚的画面；

△ 欧式风格的地毯纹样

现代风格的地毯多采用几何、花卉、风景等纹样，具有较好的抽象效果和居住氛围，在深浅对比和色彩对比上与现代家具有机结合。

△ 现代风格的地毯纹样

（2）地毯纹样的搭配场景

时尚界经常会采用豹纹、虎纹为设计要素。这种动物纹理天然地带着一种野性的韵味，让空间瞬间充满个性。

△ 动物纹样的地毯具有个性的美感

植物花卉纹样是地毯纹样中较为常见的一种，能给大空间带来丰富饱满的效果。在欧式风格中，多选用此类地毯以营造典雅华贵的空间氛围。这类花纹一般是根据欧式、美式等家具上的雕花印制而成的图案，具有高贵典雅的气质，配合宽敞豪华的欧式风格客厅，可以更好地彰显出奢华品位。

△ 植物花卉纹样的地毯给空间带来丰富饱满的效果

一张规矩的格纹地毯能让热闹的空间迅速冷静下来而又不显突兀；在长方形的餐厅、过道或其他偏狭长的空间，横向铺一张条纹的地毯能有效地拉宽视觉空间感。

△ 过道上的条纹地毯有效拉宽视觉空间感

几何纹样的地毯简约且不失设计感，深受年轻人的喜爱，不管是混搭还是搭配北欧风格的家居都很合适。有些几何纹样的地毯立体感极强，这种纹样的地毯应用于光线较强的房间内，如客厅、起居室内，再配以合适的家具，可以使房间显得宽敞而富有情趣。

△ 几何纹样的地毯适合用于小清新氛围的家居空间

（3）地毯纹样与家具风格的搭配

地毯通常在确定家具之后购买，为了突显整体效果，地毯与家具的风格统一是较为安全的做法。古典家具宜搭配柔美、典雅的地毯，波斯风格、土库曼风格、高加索风格等地毯都以唯美的纹样及色彩为特点，能够映衬古典家具的情调，与木制家具上的花纹相得益彰。不过需注意的是，假如家具及墙面装饰较复杂，地毯的纹样要避免太过繁复。现代家具搭配同样风格简洁的地毯最佳，无论是板式家具还是玻璃、不锈钢质地的家具，简约风格的地毯既是气氛的补充，又能淡化家具本身的冷硬感。

△ 简洁几何纹样的地毯适合搭配直线条的现代家具

△ 地毯纹样与古典家具的木质花纹相得益彰，表现出奢华的气质

4. 抱枕纹样

几个漂亮的抱枕可以提升沙发区域的可看性，不同纹样的抱枕搭配不一样的沙发，也会打造出不一样的美感。虽然抱枕的纹样是居住者个性的展示，但表达也要注意恰当，纹样夸张另类的抱枕少量点缀就好，并不适合整屋使用。

如果居住者的性格比较安静斯文，建议抱枕选择纯色或者简洁的纹样；如果居住者个性活泼，可以考虑选择具有夸张图案、异国风情的刺绣或者拼贴纹样的抱枕；如果居住者钟情文艺范，可以寻找一些灵感来自于艺术绘画的抱枕纹样；给儿童准备的抱枕，卡通动漫图案自然是最好的选择。

△ 艺术绘画纹样的抱枕适合喜欢文艺范的居住者

△ 合理的抱枕纹样搭配可迅速提升沙发区域的美感度

△ 卡通动漫图案的抱枕适合天性活泼的儿童

△ 异国风情纹样的抱枕适合追求个性的居住者

△ 纯色抱枕适合追求简洁生活的居住者

第 3 章
软装色彩的联想与实战搭配

▶ ▶ ▶ 在所有的色彩中，冲击波最强的是红色，不仅有力、强烈，
而且代表着热情、勤奋、能量和爱情等诸多意义。

 1.1　红色的色相类别

　　红色由于色相、明度、纯度的不同又有多种细分色，不同红色用在软装上会产生不同的心理效应，如大红的热情向上，深红的质朴、稳重，紫红的温雅、柔和，桃红的艳丽、明亮，玫瑰红的鲜艳、华丽，葡萄酒红的深沉、优雅，尤其是粉洋红给人以健康、梦幻、幸福、羞涩的感觉，富有浪漫情调。

　　常见的红色有大红、中国红、朱红、嫣红、深红、水红、橘红、杏红、粉红、桃红、玫瑰红、珊瑚红、朱砂红等。

 1.2　红色的意向传达

　　红色在可见光谱中光波最长，所以最为醒目，很容易引起人们的注意，因此许多警告、警示的文字或图案都用红色来表示，如红灯表示停止。在不同国家，红色代表的含义也不相同。例如在中国，红色象征着繁荣、昌盛、幸福和喜庆，在婚礼上和春节时都喜欢用红色来装饰。红色还代表了爱情和激情，例如情人节的礼物通常都是包装成红色或者粉红色的盒子。红色也表示危险、愤怒、血液，让人联想到火焰、战争。

　　红色给人一种视觉上的迫近感和扩张感，容易引发兴奋、激动、紧张的情绪。红色的性格强烈、外露，饱含着一种力量和冲动，其中内涵是积极、前进向上的，为较活泼好动的人所喜爱。不过红色的这些特点主要表现在高纯度时的效果，当其明度增大转为粉红色时，就戏剧性地变得具有温柔、顺从和女性的特质。

1.3　常见的红色软装元素

1.4 红色在软装中的搭配应用

居室设计中的红色，既可以作为主色调装扮空间，也可以作为装饰的点缀色，串联整个空间。大红色艳丽明媚，容易形成充斥着喜庆祥和的氛围，在中式风格中经常被采用；酒红色就是葡萄酒的颜色，那种醇厚与尊贵会给人一种雍容的气度与豪华的感觉，所以为一些追求华贵的居住者所偏爱；玫瑰红格调高雅，传达的是一种浪漫情怀，这种色彩为大多数女性喜爱，一般可在软装上稍加运用，例如选择带有玫瑰图案的窗帘。

虽然红色是喜庆的代表，但是居室内红色过多会让眼睛负担过重，产生头晕目眩的感觉，即使是婚房，也不能长时间让房间处于红色的主调下。建议在软装配饰上选择使用红色，比如窗帘、床品、靠包等，同时用淡淡的米色或清新的白色进行搭配，可以使人神清气爽，更能突出红色的喜庆气氛。红色还是相当刺激食欲的色彩，用在餐厨空间的装饰上相当合适，这也就是很多餐厅选用红色作为背景色的原因。在软装设计中，可以在厨房中使用米白色的墙面搭配红色百叶窗或红色橱柜。

△ 婚房中运用红色，恰到好处地传达出喜庆的氛围

△ 酒红色的软装布置给人一种雍容的气度与尊贵感

△ 高纯度的红色搭配黄色，打造出一个时尚个性的空间

△ 红色在传统文化中象征富贵与喜庆，所以在中式风格空间中应用广泛

△ 餐厨空间中运用红色可刺激人的食欲

娇柔甜美的粉色实战搭配

▶ ▶ ▶ 粉红色一向是偏女性的颜色，这种几乎专属于女性的颜色，获得了许多女性的喜爱，并被用在软装设计中。

 2.1 粉色的色相类别

粉色由红色和白色混合而成，非白非红，也有人称作粉红色。常见的有浅粉色、桃粉色、亮粉色、荧光粉、桃粉色、桃红色、柔粉色、嫩粉色、蔷薇色、西瓜粉、胭脂粉、肉色、珊瑚粉、玫瑰粉等。

| 珊瑚粉 C 10 M 36 Y 15 K 0 | 玫瑰粉 C 0 M 60 Y 20 K 0 |
| 胭脂粉 C 10 M 77 Y 18 K 0 | 桃粉色 C 0 M 50 Y 25 K 0 |

 2.2 粉色的意向传达

粉色也就是淡红色，更准确地说应该是不饱和的亮红色。给人以可爱、浪漫、温馨、娇嫩、青春、明快、恋爱、美好的回忆等联想，粉色的花卉代表着甜美的笑容、温柔女孩和纯真的情感含义。这种色彩多用在女性的身上，代表女性的美丽。

粉色通常也是浪漫主义和女性气质的代名词，展示着一种梦幻感。同时，粉色也是一种很脱俗的颜色，代表着女性开始有了自己的主见。每一位女性都渴望拥有一间充分体现自我个性的卧室，而粉色是装扮女性空间的最佳色彩。

2.4 粉色在软装中的搭配应用

粉色一直是时尚家居中不可缺少的元素，适度搭配不仅不会过于女性化，还能让家更温馨舒适。几盏粉色的灯饰、一把粉色的椅子或一幅粉色的装饰画，在软装细节中用点粉色，可以让人感受到居住者的巧思和对时尚色彩的敏感度。最简单的做法是在沙发上或床上增加一两个粉色的抱枕。或是在茶几或餐桌上摆放一盆粉色的鲜花，家里立马就变得鲜活了起来，跳脱而又不突兀。

如果想要呈现高级感的粉色，很大程度取决于对色调和材质的把控上，例如透明的粉色材质也可以在视觉上达到一种戏剧性，为硬朗的室内增加轻柔气质。

粉色通常使用在小女生的房间，因为粉色是一个代表典雅、浪漫的色彩，适合营造梦幻的气氛。例如在软装布置时把卧室的床单换成柔和的粉色，然后再选用同色的布艺枕头以及有粉色印花的窗帘，在白色墙面的衬托下，形成浪漫格调。

△ 粉色是时尚风格家居常用的元素之一

△ 小女生房间适合运用粉色营造梦幻的气氛

△ 大面积粉色中穿插黄绿色的对比，满足公主梦的同时避免产生视觉疲劳

△ 呈现高级感的粉色可给房间增加轻柔的气质

△ 在床品、台灯等软装细节中适度搭配粉色，表现出女性的柔美与浪漫

阳光活力的橙色实战搭配

▶ ▶ ▶ 橙色是界于红色和黄色之间的混合色，又称橘黄或橘色。
橙色是一种欢快活泼的光辉色彩，是暖色系中最温暖的颜色。

 ## 3.1 橙色的色相类别

橙色稍稍混入黑色或白色，会成为一种稳重、含蓄又明快
的暖色，但混入较多的黑色后，就成为一种烧焦的颜色，橙色
中加入较多的白色会带有一种甜腻的味道。常见的有甜橙色、
浅橙色、浅赭色、赭黄色、橘黄色、甜瓜橙、橙灰色、朱砂橙
色等。

橙色	浅赭色
C 0 M 50 Y 100 K 0	C 20 M 30 Y 40 K 0

 ## 3.2 橙色的意向传达

橙色是红黄两色结合产生的一种颜色，因此，橙色也拥有
着两种颜色的象征和含义，具有明亮、华丽、健康、兴奋、温暖、
欢乐、辉煌以及容易动人的色感。橙色还使人联想到金色的秋天，
丰硕的果实，是一种富足、快乐而幸福的颜色。

橙色比红色要柔和、低调一些，但亮橙色仍然富有刺激和
兴奋特性。同时，中等色调的橙色类似于泥土的颜色，所以也
经常用来创造自然的氛围。橙色常象征活力、精神饱满和交谊性，
它实际上没有消极的文化或感情上的联想，是所有颜色中最为
明亮和鲜艳的，给人以年轻活泼和健康的感觉，是一种极佳的
点缀色。

橙色明视度高，在工业安全用色中，橙色即是警戒色，如
用在火车头、登山服装、背包以及救生衣上等；橙色一般可作
为喜庆的颜色，同时也可作富贵色，如皇宫里的许多装饰都用
橙色进行搭配。橙色经常用在餐厅中，可以增加食欲。橙色可
以与一些健康产品相联系，如维生素 C、橙子，因其容易让人
联想到健康。

3.3 常见的橙色软装元素

3.4　橙色在软装中的搭配应用

　　橙色洋溢着在红色中不易找到的积极能量，在表现活力的时候非常有用。但同属橙色系的色彩，实际上给人的印象是完全不同的。有富于年轻感的鲜明的橙色，也有具有复古感的偏褐色的橙色。如果想要强调橙色的积极性的一面，可以选择泛黄色的橙色或者不太深的褐色，这些颜色比 100% 的橙色更能表现出温暖亲切的感觉。

　　在室内设计中，把橙色用在卧室不容易使人安静下来，不利于睡眠，但将橙色用在客厅则会营造欢快的气氛。同时，橙色有诱发食欲的作用，所以也是装点餐厅的理想色彩。因橙色使用的面积过多容易使人产生视觉疲劳，所以最好只作点缀使用。比如，餐厅的一面墙刷成橙色，可以和另外几面白墙相得益彰；也可在餐桌上置放一两件橙色饰物，让人胃口大开；或窗帘染橙，仿佛居室每天都充满阳光。

　　橙色与浅绿色和浅蓝色搭配，可以构成最响亮、最欢乐的颜色；橙色与淡黄色搭配会有一种舒服的过渡感，巧妙的色彩组合是追求时尚的年轻人的大胆尝试。橙色一般不能与紫色或深蓝色搭配，容易给人一种不干净、晦涩的感觉。如果以泛黄的橙色作为主色，搭配黑色或者灰色等冷色可以使整体更加协调。

△ 如果在卧室中大面积使用橙色，应降低其纯度与明度　　　　　　　△ 橙色是装点餐厅的最佳色彩之一

△ 橙色恰到好处地点睛，给中性色的卧室空间增加了活泼的氛围

△ 在客厅中使用橙色不仅可以带来暖意，而且可以营造欢快的氛围

△ 橙色和蓝色进行搭配表现出显著的对比效果，在时尚风格家居中应用广泛

△ 鲜明的橙色富有年轻感

△ 偏褐色的橙色具有复古感

第4节 / 轻松明快的黄色实战搭配

▶ ▶ ▶ 黄色是三原色之一，在色相环上是明度级最高的色彩，
给人一种轻快、充满希望和活力的感觉。

 4.1 黄色的色相类别

黄色在色相环上是明度级最高的色彩，在众多的颜色中异常醒目，它光芒四射，轻盈明快，生机勃勃，具有温暖、愉悦、提神的效果。

常见的有柠檬黄、淡黄色、秋色、黄栌、沙黄色、琥珀黄、米黄色、咖喱黄、藤黄、汉莎黄、芥末黄、蜂蜜黄、印度黄等。

柠檬黄
C 6 M 18 Y 90 K 0

黄栌
C 15 M 35 Y 80 K 0

蜂蜜黄
C 30 M 40 Y 88 K 0

 4.2 黄色的意向传达

黄色是三原色之一，给人轻快、充满希望和活力的感觉，使人联想到温暖、深情、成熟、警示色、辉煌感。黄色常为积极向上、进步、文明、光明的象征，能给人愉悦感。

黄色总是与金色、太阳、启迪等事物联系在一起。许多春天开放的花朵都是黄色的，因此黄色也象征新生。水果黄带着温柔的特性；牛油黄散发着一股原动力，而金黄又带来温暖。黄色系具有优良的反光性质，能有效地使昏暗的房间显得明亮。

中国人对黄色特别偏爱。这是因黄色与金黄同色，被视为吉利、喜庆、丰收、高贵的象征。在很多艺术家的作品中，黄色都用来表现喜庆的气氛和富饶的景色。同时，黄色可以起到强调突出的作用，这也是使用黄色作为路口指示灯的原因。黄色还能给人带来口渴的感觉，所以经常可以在卖饮料的地方看到黄色的装饰。

4.3 常见的黄色软装元素

4.4 黄色在软装中的搭配应用

西方人对于黄色有着独特的爱好，他们喜欢在花瓶里放置黄色的鲜花，经常在布艺和厨房用品上选择黄色。软装布置时，在黄色的墙面前摆放白色的花艺是一种合适的搭配。但是注意长时间接触高纯度黄色，会给人造成不适感，所以建议在客厅与餐厅适量点缀一些就好。

在家居设计中，一般不适合用纯度很高的黄色作为主色调，因为它太过明亮的特点，容易刺激人的眼睛，给人不适感；但降低纯度的黄色，用到室内就比较适宜。例如淡茶黄色，能给人以沉稳、平静和纯朴之感；用米黄色作为室内色彩基调，给空间带来一种温馨、静谧的生活气息。

在设计中，鲜黄色可以增加快乐和愉悦感。柔和的黄色通常用作婴儿和儿童的中性色（相对于蓝色或粉红色）。淡黄色相对于鲜黄色而言，给人一种更内敛快乐的感受，浅黄搭配碎花具有田园家居风情；深黄色和金黄色有时很有古韵感，当需要营造一种永恒的感觉时，则可使用这种颜色；当黄色与黑色搭配在一起时，十分吸引人的注意力。

黄色越来越多地被应用在儿童房的墙面上，黄色没有明显的性别区分，而且能让空间显得十分温暖。如果不喜欢大面积的亮黄色，也可以在家具的选择上运用黄色，比如衣柜、书桌等，这些装饰元素也非常引人注目。孩子的注意力很容易被鲜艳色彩吸引，突然弹跳出的黄色可以给他们带来很奇妙的感觉。此外，还可在局部选择黄色饰品，例如窗帘、抱枕、海报等，能让整个空间显得明亮起来。如果孩子的房间比较小，这种黄色装饰带来的温馨效果尤其明显。

△ 黄色明艳亮丽、黑色沉稳大方，高彩度的黄色与黑色的结合可以得到清晰整洁的效果

△ 儿童房中大面积运用亮黄色容易给人刺眼的感觉，但在家具上的适当点缀可以让空间变得鲜活起来

△ 黄色与橙色的搭配给人一种欢快感与愉悦感

△ 在餐厅中使用代表食品的黄色，给人丰衣足食的美好寓意

△ 不同纯度与明度的黄色穿插搭配，在达到视觉冲击力的同时又富有空间层次感

△ 土黄色的墙面适合表现质朴自然的田园气息

▶ ▶ ▶ 绿色是大自然中植物生长、生机盎然、清新宁静的生命力量和自然力量的象征。
从心理上，绿色令人平静、松弛，从而得到缓冲和休息。

 ## 5.1 绿色的色相类别

　　绿色是由蓝色和黄色对半混合而成，因此绿色也被看作是一种和谐的颜色。人眼晶体把绿色波长恰好集中在视网膜上，因此它是最能使眼睛感到舒适的色彩。常见的有苹果绿、军绿色、橄榄绿、宝石绿、冷杉绿、水绿色、孔雀绿、草绿色、薄荷绿、竹青色、松石绿、葱绿色、碧绿色、森林绿等。

中绿色	松石绿
C 82 M 24 Y 93 K 0	C 68 M 8 Y 40 K 0

薄荷绿	碧绿色
C 55 M 0 Y 38 K 0	C 66 M 0 Y 50 K 0

橄榄绿	森林绿
C 55 M 30 Y 76 K 0	C 90 M 60 Y 100 K 60

 ## 5.2 绿色的意向传达

　　绿色系在所有的色彩中，被认为是大自然本身的色彩，能令人内心平静、松弛。绿色是生命的原色，象征着生机盎然、清新宁静与自由和平，通常被用来表示新生以及生长，代表了健康、活力和对美好未来的追求。竹子、莲花叶和仙人掌，属于自然的绿色块；海藻、海草、苔藓般的色彩则将绿色引向灰棕色，十分含蓄；而森林的绿色则给人稳定感；黄绿色给人清新、有活力、快乐的感受。

　　因绿色给人的感觉偏冷，所以一般不适合在家居中大量使用，绿色唯有接近黄色阶时才开始趋于暖色的感觉。

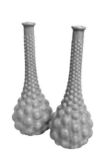

5.4 绿色在软装中的搭配应用

所有颜色中，绿色是最难搭配的颜色之一。搭配得好，就会让家居清爽生动、青春活泼，具有非常浓郁的大自然清新感觉，要是搭配得不好，就很容易变得杂乱不堪。象征生命和青春的绿色，在深浅不同的色调、面积不等的配色中，恰恰能营造出个性十足的氛围和气质。

绿色搭配着同色系的亮色，比如柠檬黄绿、嫩草绿或者白色，会给人一种清爽、生动的感觉；当绿色与暖色系如黄色或橙色相配，则会有一种青春、活泼之感；当绿色与紫色、蓝色或者黑色相配时，则显得高贵华丽；含灰的绿色，是一种宁静、平和的色彩，就像暮色中的森林或晨雾中的田野。

大面积的使用宝石绿容易使整个空间显得过于深沉，因此只需要在家具单品或饰品上适当点缀，就足以吸引人的注意。宝石绿与棕色、米色是最佳配色，可以完美衬托绿色的纯粹美感，同时充满贵族的雍容气质。

浅绿色浓淡适宜，家居搭配中更为容易掌握。与金色搭配可多一分华丽的感觉；与蓝色搭配可增添文艺的气息；与米色、浅棕色搭配则呈现时尚优雅的味道。

鲜嫩的果绿具有春天的气息，显得生机勃勃。在最为常用的棕色、米色搭配下，会让空间舒适清凉。补充少量的黑色作为对比，则会让视觉沉淀下来，减缓过多明亮色彩带来的心理亢奋。

办公区域使用绿色可以使人集中精力，提高工作效率。除了绿植以外，可以把办公区域墙面刷成浅绿色，但是也要注意面积的把握，否则会有事倍功半的效果。

绿色对保护视力有积极的作用。根据这一原理，很多人喜欢在儿童房间的某个视觉集中的墙面或窗帘、床品等处选择绿色，而且纯度一般都可以比较高，既体现了儿童活泼好动的性格特征，又有利于儿童视力的保护。

△ 绿色与紫色的搭配显得高贵华丽

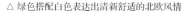

△ 绿色搭配白色表达出清新舒适的北欧风情

△ 宝石绿只要在家具单品上适当点缀，就足以吸引人的眼球

△ 大面积绿色中加入黄色与红色的点缀，表现出青春与活力

△ 偏黄的绿色墙面搭配原木床头，散发出别具一格的田园气息

△ 碧绿色的软装带来清凉感，清润且充满生机

△ 草绿色的墙面既表示新生与生长，又助于儿童保护视力

第6节 / 纯净之美的蓝色实战搭配

▶ ▶ ▶ 蓝色是色相环上最冷的色彩，与红色互为对比色。
蓝色非常纯净，表现出一种美丽、冷静、理智、安详与广阔。

 ## 6.1 蓝色的色相类别

蓝色是三原色之一，它是永恒的象征。蓝色的种类繁多，每一种蓝色又代表着不同的含义。常见的有靛蓝、蓝紫色、中国蓝、牛仔蓝、海军蓝、孔雀蓝、普鲁士蓝、普蓝、钴蓝、天蓝色、水蓝色、婴儿蓝、静谧蓝、克莱因蓝、柏林蓝、宝石蓝等。

孔雀蓝 C 88 M 55 Y 45 K 0	海军蓝 C 90 M 85 Y 30 K 0
靛蓝 C 95 M 70 Y 40 K 0	普鲁士蓝 C 100 M 80 Y 60 K 30
钴蓝 C 90 M 60 Y 40 K 0	婴儿蓝 C 30 M 16 Y 12 K 0

 ## 6.2 蓝色的意向传达

蓝色会使人自然地联想到宽广、清澄的天空和透明深沉的海洋，所以也会使人产生一种爽朗、开阔、清凉的感觉。作为冷色的代表颜色，蓝色会给人很强烈的安稳感，使人们联想到冰川上的蓝色投影。同时蓝色还能够表现出和平、淡雅、洁净、可靠等多种感觉。

蓝色是灵性与知性兼具的色彩，在色彩心理学的测试中发现几乎没有人对蓝色反感。不同明度的蓝色会给人不同的感受、想法和情绪。深蓝色可以给人一种悲伤、神秘、可靠和力度的

感觉；浅蓝色有一种非常清新、友好的感觉，通常会让人联想到天空、水，给人以提神，又能体现自由、平静之感。

蓝色从各个方面都是红色的对立面。在外貌上来看，蓝色是透明的和潮湿的，红色是不透明和干燥的；从心理上来看，蓝色是冷的、安静的，红色是暖的、兴奋的；在性格上来看，红色是粗犷的，蓝色是清高的；在对人机体作用上，蓝色减低血压，红色增高血压。

6.3 常见的蓝色软装元素

6.4　蓝色在软装中的搭配应用

　　作为经典色彩的代表，蓝色从来没有离开过软装设计的视线。无论何种色调的蓝色运用，都会赋予家居迷人的风采。蓝色在搭配上没有什么禁忌，但是要注意和其他色彩的配比。低纯度的蓝色主要用于营造安稳、可靠的氛围，会给人一种都市化的现代派印象；而高纯度的蓝色可以营造出高贵的严肃的氛围，给人一种整洁轻快的印象。

　　蓝色是天空与水的色彩，给人一种凉爽、宽敞和恬静的感觉。宁静的蓝色调能使烦躁的心情镇静。在厨房、书房或卧室中都可用蓝色组成色调，不过可能需要加点与之对比的暖色点缀，以免产生过分冷漠的感觉。

　　蓝色以其高超的包容性深得人们喜爱。把同色系的蓝色进行深浅变化的搭配，更能强调蓝色调的浓烈氛围；蓝白搭配表现出浓郁的地中海风情，自然简单却又不失大气；天蓝与钴蓝带着优雅柔美，即使大面积运用也不会显得突兀，营造出一种宁静舒适的家居氛围；蓝色与中性色也能形成完美的融合，例如静谧蓝搭配黄色系与棕色系，可衬托出端庄高雅的气质；靛蓝的饱和色调通常使人惊艳，注入中性色可以平衡家居的整体视觉；蓝色与三原色中的其他两个颜色搭配，可产生鲜艳活泼的感觉，例如蓝与红或蓝与黄，强烈的视觉对比赋予家居别样的气质。

　　此外，蓝色作为点缀色可以迅速打破视觉上的单调乏味，使整个空间变得生动。蓝色被应用在家具或是饰品上，起到提示与活跃作用，其中宝石蓝色调十分亮丽，最适合点缀。

△ 宝蓝色的布艺坐凳除了实用功能之外，也起到很好的点缀作用

△ 高纯度的蓝色给人一种整洁轻快的印象

△ 蓝色与红色形成强烈的对比，适合用在儿童房中表现活泼感

△ 蓝色系的卫浴间带来清凉感，能让人迅速放松下来

△ 蓝色与白色的搭配是地中海风格软装的经典配色

△ 运用同色系的蓝色进行深浅变化的搭配，需要加入对比的暖色点缀

△ 低纯度的蓝色给人以都市化的印象

第7节 / 典雅浪漫的紫色实战搭配

▶▶▶ 紫色是人类可见光所能看到的波长最短的光。它是由温暖的红色和冷静的蓝色化合而成，是极佳的刺激色。

 7.1　紫色的色相类别

紫色是红色和蓝色的混合色，是一种冷红色和执着的红色，它精致而富丽，高贵而迷人。常见的紫色有紫晶色、茄子色、紫罗兰色、淡紫色、蓝紫色、深紫色、欧石南蓝、风铃草紫色、青莲色、紫红色、薰衣草紫色、深紫红色、粉紫色等。

紫罗兰色	薰衣草紫色
C 60 M 90 Y 10 K 0	C 20 M 25 Y 5 K 0

淡紫色	深紫红色
C 31 M 28 Y 6 K 0	C 65 M 90 Y 50 K 15

青莲色	粉紫色
C 70 M 90 Y 0 K 0	C 6 M 16 Y 0 K 0

 7.2　紫色的意向传达

紫色是一个跨越冷暖的色彩，是红色和蓝色的合成色，可以根据所含红色与蓝色的调色比例创建不同的紫色。浅紫色中的蓝色比例较多，色彩偏冷的同时让人感到沉着高雅，常象征尊严、孤傲或悲哀；深紫色中两色比例较为平均，容易让人联想到浪漫；当红色比例较多时则为紫红色，色彩偏暖，而且十分女性化，让人感到十足的女人味。

紫色是一种高贵神秘的颜色且略带忧郁的色彩，一直以来，紫色都与高贵、浪漫、亲密、奢华、神秘、幸运、贵族、华贵等有关。在西方，紫色代表尊贵，是贵族经常选用的颜色。

7.4　紫色在软装中的搭配应用

紫色是软装设计中的经典颜色，总给人无限浪漫的联想，追求时尚的居住者最推崇紫色。紫色运用到极致或是只需要点缀，都会让空间呈现不一样的氛围。大面积的紫色会使空间整体色调变深，从而产生压抑感。建议不要放在需要欢快气氛的居室房间中，那样会使得身在其中的人有一种不适感。如果真的很喜欢紫色，可以在居室的局部将其作为装饰亮点，比如卧房的一角、卫浴间的帷帘等小地方。

紫色带有暗色的特质，明度稍微低一点就容易给人以沉闷的感觉。因此，紫色在与其他色彩配色时，尽量选择明度较高的紫色。紫色给人以忧郁、挑剔的感觉。因此要用紫色来表现优雅、高贵等积极印象时，要特别注意纯度的把握。这种情况下，低纯度的暗紫色比高纯度的亮紫色更能传达积极的印象。通常暗紫色应该用在宽敞的房间，使它们看起来更有亲密感；浅紫色调可以用在生活领域，如卧室和儿童房。

紫色可以搭配蓝色、红色、粉红色和绿色等。不同的颜色组合主要取决于选择什么样的紫色调。茄子色可以搭配绿色、蓝色、红色或黄色；薰衣草紫色是经常在卧室中看到的，因为它新鲜、平静，一般搭配蓝色、粉色或绿色就很出彩；紫色也能与中性色如黑色、灰色、白色、奶油色和灰褐色组合搭配。紫色和橙色、天蓝色、芥末色等大胆的色彩运用，可以很好地产生鲜明的对比，获得意想不到的效果，比如在抱枕、地毯、摆件等一些软装饰品上可以使用橙色。

△ 紫色以条纹的形式出现在布艺沙发上，优雅中又透露出几分动感

△ 紫色与金色搭配能彰显出低调奢华的美感，又不至于过分金光闪闪让人侧目

△ 儿童房中适合使用明度较高的紫色，传递出梦幻和唯美的感受

△ 紫色搭配白色视觉上清新有活力，营造出一个充满女性特征的卧室空间

△ 紫色在灰调空间中起到调和作用，给极富都市感的房间添加温情

△ 大面积的深紫红色给人以神秘的视觉感，给房间增加复古怀旧的氛围

舒适百搭的米色实战搭配

▶ ▶ ▶ 米色因类似于稻米的颜色而得名，泛指在白色与驼色之间的颜色，比驼色明亮清爽、比白色优雅稳重，明度高、纯度低。

 ## 8.1　米色的色相类别

米色是浅黄略白的颜色，是一种黄色系的颜色，也可以分在橙色系。自然界有很多米色物质存在，是属于大自然的颜色，一般而言，麻布的颜色就是米色。常见的有浅米色、米白色、沙色、奶茶色、奶油色、牙色、驼色、浅咖色等。

沙色	牙色
C 15 M 20 Y 26 K 0	C 10 M 15 Y 36 K 0

奶茶色	奶油色
C 38 M 47 Y 60 K 0	C 7 M 15 Y 37 K 0

 ## 8.2　米色的意向传达

米色是最高贵和经典的色彩之一，象征着优雅、大气、纯净、浪漫、温暖、高贵。任何地方使用这个颜色，都不会给人突兀的感觉。

米色系和灰色系一样百搭，但灰色太冷，米色则很暖。而相比白色，它含蓄、内敛又沉稳，并且显得大气时尚。米色系中的米白、米黄、驼色、浅咖色都是十分优雅的颜色。女性居住者对米色的理解更加清晰，因为这个色系的女装很多，可以展现女性优雅浪漫、柔情可爱的一面。

8.3 常见的米色软装元素

8.4　米色在软装中的搭配应用

　　米色属于相对中性的颜色，在空间中的使用范围很广。米色需要不同明度、纯度、色相组合使用，才能丰富空间层次，增加细腻程度。

　　大面积使用米色显得温暖舒适，恬静温馨。不过要想得到更好的效果，充足的采光和足够面积的白色对米色空间很重要，因为过多的米色会让一个房间看起来令人疲倦或压抑，日光和白色可以缓解沉闷感。

　　假如空间以米色为主体，调和色的明度及纯度逐渐加强的过程，也是空间节奏感和空间张力变大的过程。有时米色并非作为主体色使用，其他色系的空间有米色的加入，可以让空间多些温暖浪漫。例如在寒冷的冬日里，除了花团锦簇可以带来盎然春意，其实有一种颜色拥有驱赶寒意的巨大能量，那就是米色。当米色应用在卧室墙面的时候，搭配繁花图案的床上用品，让人感觉就像沐浴在春日阳光里一般香甜。即便是一块米色的毛皮地垫，都能让家居顿时暖意洋洋。

△ 米色是让人视觉感觉最放松的颜色之一，可以更好地表现日式家居的淡雅禅意

△ 米色系是卧室空间最常用的色彩，应用在墙面、床品、窗帘或家具上，可创造出一种和谐舒适的质感

△ 米色系沙发与充足的采光是绝配，给会客厅带来放松和舒适的感觉

△ 大面积使用米色显得温暖舒适，加入白色的搭配是为了缓解过多米色带来的沉闷感

△ 不同纯度与明度的米色搭配，可以更好地营造层次与生机

第9节 / 神秘酷感的黑色实战搭配

▶ ▶ ▶ 黑色是一种具有多种不同文化意义的颜色，它和白色的搭配，
永远都不会过时，一直都处于时尚的前沿。

 9.1 黑色的色相类别

黑色基本上定义为没有任何可见光进入视觉范围，和白色
正相反。常见的有乌黑、午夜黑、多米诺黑、金刚石黑、漆黑、
烟黑等。

黑色 C 0 M 0 Y 0 K 100	
漆黑 C 90 M 88 Y 70 K 70	乌黑 C 80 M 85 Y 80 K 60

 9.2 黑色的意向传达

黑色是一种很强大的色彩，它可以表示力量、高雅、庄重、
严谨、热情、信心、力量，但也表示悲哀、死亡、邪恶、抑郁、
绝望、孤独。另外，黑色也会给人神秘感，让人产生焦虑的感觉。

黑色具有高贵、稳重、科技的象征，许多科技产品的用色，
如电视、跑车、摄影机、音响、仪器的色彩大多采用黑色。生
活用品和服饰设计大多利用黑色来塑造高贵的形象，黑色适合
和许多色彩做搭配。

黑色最能显示现代风格的简单，这种特质源于黑色本质的
单纯。作为最纯粹的色彩之一，它所具备的强烈的抽象表现力超
越了任何色彩所能体现的深度，也许这正是它广受追捧的理由。

9.4 黑色在软装中的搭配应用

黑色没有其他色彩的万千变化，却有着与生俱来的低调和优雅，是室内设计中最基本的元素。在家居中，黑色可以与不同颜色搭配出不同的气质。素洁、简朴，有现代感，作为无彩色系的黑色是色彩的一个极端，单纯而简练，节奏明确，是家居设计中永恒的配色。

黑色稳重、高贵；神秘而又庄严，并具有现代感，是压倒一切色彩的重色。软装设计中一般不能大面积使用黑色，只能作为局部点缀使用。很多现代简约风格都会利用黑色，但是要灵巧运用黑色，而不是用过多的黑色。黑色能够让任何一个色彩看起来干净，但它本身并不是一个重点，它能够给空间营造一种对比平衡。把黑色少量地用于环境的局部，可以是一把黑色的椅子或花瓶，或者作为音响、电视等电器设备的颜色，做一种点缀，可带来很好的装饰效果。

黑、白、灰都是无彩色，它们被列为最纯朴、最高级的颜色。黑色是几乎所有颜色的好搭档。它让其他颜色看起来更亮。即便是暗色系的颜色也能与黑色演绎出空间的气质，黑色和白色搭配则可以形成经典的对比。黑色与金黄色搭配，给人一种奢华、高档的感觉；黑色与银灰色搭配，给人一种成熟稳重的感觉；黑色和红色同样非常引人注目，当和橙色搭配的时候依然很有吸引力，不过可能会和万圣节相联系；在黑色背景上的黄色真的很突出，但是浅蓝色却会传递一种保守的味道。

△ 黑色与金色的搭配，给人一种高档感和品质感

△ 黑白色组合是表现简约现代家居风格的经典配色方案

△ 通常窗帘布艺上不适合出现大面积的黑色，黑白条纹的形式对比鲜明又简洁大方

△ 在运用黑白色装点室内空间时，应注意对黑色部分的比例把握，过多的黑色容易给人压抑感

△ 黑色家具搭配暗色系墙面，依旧可以表现出低调奢华的气质

△ 黑色与红色的搭配自然地散发出气场，红色的艳丽热烈，配上黑色的深沉稳重，相互中和，融为一体

第10节 / 纯洁高雅的白色实战搭配

▶ ▶ ▶ 白色是最常见的颜色之一，简洁优雅，十分百搭，给人一种安静的力量，
常常应用在简约大气的居室空间中。

 10.1 白色的色相类别

白色的明度最高，无色相。在绘画中，可以用白色颜料描绘白色，白色是调不出来的颜色。白色和黑色混合可以得到灰色，和其他颜色混合可以让这种颜色的色相减弱，明度提高。常见的有纯白、象牙白、奶油白、瓷器白、蜡白色、乳白、象牙白、珍珠白、葱白、铝白、玉白、鱼肚白、草白、灰白等。

白色	象牙白
C0 M0 Y0 K0	C8 M7 Y12 K0

 10.2 白色的意向传达

在西方人特别是欧美人的眼中，白色高雅纯洁，所以它是西方文化中的崇尚色。白色通常是新娘在婚礼上穿的颜色，表示爱情的纯洁和坚贞。在中国，白色与死亡、丧事相关联。白色常与医疗行业相关，如医生、护士的衣服，医院的墙面。与心理健康相关的事物也可以选用白色。

白色给人洁白无暇的视觉感受，常给人宁静、单纯的联想。白色通常都作为中立的背景，来传达简洁的理念，极简风格的设计中，白色用的最多。在商业设计中，白色具有高级、科技的印象，通常需和其他色彩搭配使用。

10.3　常见的白色软装元素

10.4　白色在软装中的搭配应用

白色在众多色彩中是最干净、纯粹的颜色，犹如冬日暖阳下的雪那般明亮、清新。在家居搭配中，利用白色来提升家居的空间感是再好不过的。白色能与任何色彩混搭，还能呈现出不同的气质与韵味，白色年轻、纯洁，柔和而又高雅，往往被大量使用在室内环境中，但大多数时间它不是以纯白出现的，只是接近白的颜色。纯白由于太纯粹而显得冷峻，接近白的白色既有白色的纯净，也有容易亲近的柔和感，例如象牙白、乳白等。因此，白色与各种色相配置往往作为住宅环境的色调，营造出一种特殊别致的纯净和柔美的气氛。北欧人特别喜欢使用白色调风格的住宅环境。此外，白色调的装修也是小户型的最爱，白色属于膨胀色，可以让狭小的房间看上去更为宽敞明亮，同时，低彩度白色调的空间也让人感到清新和安宁，但如果过多地在家居空间使用白色，容易产生苍白无力的感觉。

白色是和谐万能色，如果同一个空间里各种颜色都很抢眼，互不相让时，可以加入白色进行调和。白色可以让所有颜色都冷静下来，同时提高亮度，让空间显得更加宽敞，从而弱化凌乱感。所以在装修过程中，白墙和白色的顶面是最保守的选择，可以给色彩搭配奠定发挥的基础，而如果墙面、天花、沙发、窗帘等都用了颜色，那么家具选择白色，也同样能起到增强调和感的效果。白色家具能够让人产生空间开阔的感觉，像一些小客厅若是用白色家具可以避免拥挤的感觉。再者，白色家具百搭，能够适应各种风格，这样一来就可以节约装修费用。

△ 在小户型空间中，白色可让空间显得更加宽敞明亮

△ 纯净的白色是北欧风格家居最常用的色彩之一

△ 以白色调为主的儿童房中点缀一抹红色，瞬间让气氛活泼起来

△ 同样的白色家具具有不一样的表面质感差异，实现丰富细节层次的目的

△ 白色卫浴间将清凉与简约诠释得淋漓尽致

△ 白色调的卧室最能表现小清新的气质，享受一份恬静的美好

低调冷峻的灰色实战搭配

▶ ▶ ▶ 灰色是一种含蓄色，通常给人幽雅的感觉，搭配一些色彩
明快的颜色时，灰色可把这些色彩衬托得更加情趣盎然。

 ## 11.1　灰色的色相类别

灰色是无彩色，是介于黑和白之间的一系列颜色，可以大
致分为深灰色和浅灰色。比白色深些，比黑色浅些，比银色暗淡。
常见的有浅灰色、中灰色、深灰色、玛瑙灰、铝灰色、沥青灰、
玄武岩灰、混凝土灰、水晶灰、冰川灰、银灰色、烟灰色、雾灰色、
佩恩灰色等。

冰川灰
C 26 M 17 Y 18 K 0

烟灰色	银灰色
C 43 M 36 Y 34 K 0	C 26 M 20 Y 26 K 0

 ## 11.2　灰色的意向传达

灰色是一种稳重、高雅的色彩，象征理性和智慧。灰色给
予人的是深思而非兴奋，是平和而非激情。

灰色具有柔和、高雅的意象，属于中间色，男女皆能接受，
所以灰色也是永远流行的颜色。灰色让人联想起冰冷的金属质
感和上个时代的工业气息，它有着岩石般的坚硬外壳，又是自
然界中不起眼的保护色。

许多高科技产品，尤其是金属材质的，几乎都采用灰色来
传达高级、技术精密的形象。使用灰色时，大多利用不同的层
次变化组合或搭配其他色彩，才不会因过于单一、沉闷，而有
呆板、僵硬的感觉。

11.3 常见的灰色软装元素

11.4　灰色在软装中的搭配应用

　　灰色在色彩学中属于中间色，既非暖色又非冷色，而是介于两者之间的色调。对于中间色来说，在色彩搭配原则上，是可以跟任何一种颜色进行搭配的。也就是说，灰色可以跟任何一种暖色、任何一种冷色以及任何一种中间色，包括灰色本身进行搭配。

　　灰色不像黑色与白色那样会明显影响其他的色彩。因此，作为背景色彩非常理想。任何色彩都可以和灰色相混合。没有色彩倾向的灰色只是作为局部配色以及调色用，带有一定色彩倾向的灰色则常常被大量用来作为住宅装饰的色调，给人以细腻、含蓄、稳重、精致、文明而有素养的高档感。浅灰色显得柔和、高雅而又随和；深灰色有黑色的意象；中灰色最大的特点是带点纯朴的感觉。

　　使用灰色时，大多利用不同的层次变化组合或搭配其他色彩，才不会有呆板、僵硬的感觉。灰色也是最被动的色彩，它是彻底的中性色，依靠邻近的色彩获得生命，灰色一旦靠近鲜艳的暖色，就会显出冷静的品格；若靠近冷色，则变为温和的暖灰色。

　　近年来，高级灰迅速走红，深受人们的喜欢，灰色元素也常被运用到软装搭配中。通常所说的高级灰，并不是单单指代某几种颜色，更多的是指整个的一种色调关系。有些灰色单拿出来显得并不是那么的好看，但是它们通过一些关系组合在一起，就能产生一些特殊的氛围。

△ 利用深灰色的墙面作为背景，表现出简洁利落的空间气质

△ 灰色与黑色、白色的组合呈现永恒的经典，是现代风格家居的典范

△ 高级灰的热衷者通常是生活在城市里的职业群体，展现一种对沉静自持、舒缓简单的向往

△ 灰色是表现工业复古风格的最佳色彩

△ 高级灰加上白色，给人的感觉是一种北欧风格的小清新之感

△ 灰色神秘安静，柠檬黄清新明艳，两者相遇，沉静包容着抢眼的活跃

第12节 / 富贵华丽的金色实战搭配

▶▶▶ 金色向来是高贵优雅、明艳耀眼的颜色代表，在家具、影视、
时装、绘画等众多领域的表现都非常出彩。

 12.1 金色的色相类别

金色是一种材质色，一种略深的黄色，是指表面极光滑并
呈现金属质感的黄色物体的视觉效果。带有光泽，是金属金的
颜色。常见的有旧金色、古金色、青铜色、杜卡特纯金、金褐色、
金黄色、黄铜色、淡金黄色、红金、白金等。

金色
C 0 M 20 Y 60 K 20

金褐色
C 50 M 60 Y 90 K 10

古金色
C 10 M 35 Y 80 K 0

 12.2 金色的意向传达

金色是一种最辉煌的光泽色，更是大自然中至高无上的纯
色，它是太阳的颜色，代表着温暖与幸福，也拥有照耀人间、
光芒四射的魅力。在许多国家，因为黄金的颜色是金色，所以
金色代表金钱、权利、财富和资本主义，它是骄傲的色彩，皇
族通常用金色制作衣服。

金色具有极醒目的作用和炫辉感。它具有一个奇妙的特性，
就是在各种颜色配置不协调的情况下，使用了金色就会使它们
立刻和谐起来，并产生光明、华丽、辉煌的视觉效果。但如果
大片地运用金色，对空间和个体的要求就非常高，搭配不慎就
会有适得其反的效果。

12.3 常见的金色软装元素

12.4 金色在软装中的搭配应用

金色具有纯度和光度，给人华丽高贵和富丽堂皇的感觉。它属于百搭色，基本上适用于任何一种家居风格。金色、银色可以与任何颜色相陪衬，但金色和银色一般不能同时存在，只能在同一空间使用金色或银色中的一种。用金色搭配黑色最安全，搭配灰色同样典雅。金色需要与深色相搭配才比较协调。深色既可以压住金色张扬的跳跃感，又能反衬出华丽的视觉效果。一张一弛，和谐交融。

金色熠熠生辉，显现了大胆和张扬的个性，在简洁的白色衬映下，视觉会很干净。但金色是最容易反射光线的颜色之一，金光闪闪的环境对人的视线伤害最大，容易使人神经高度紧张，不易放松。建议避免大面积使用单一的金色装饰房间，可以作为墙纸上的装饰色；在卫生间的墙面上，可以使用金色的马赛克搭配清冷的白色或不锈钢。

在室内空间中，金色应根据实际进行装饰应用。如果居室面积很大，可以大块使用来显现豪华与气派；若居室面积不够大，则可运用金色饰品来调节气氛，让居室生动起来，或者选择有品位的家具单品来提升居室的档次。其实想要把金色运用得好看，选对单品是关键。选择一款有质感的金色单品，才能提高整体软装的格调，营造高级感。

金色本身有纯度、亮度、明度的区别，这三项组合不同，金色的感觉就不一样，使用起来非常微妙。如果家居空间不大，就不要选择纯度与亮度太高的金色。

对于中式的传统风格来说，黑色是金色的最佳搭档，两者的搭配往往能产生强烈的视觉震撼力。在欧式风格的金色使用上，往往对空间的利用有些奢侈和浪费，但也正是因为这样，金色才更加显示出它的尊贵与不凡。软装布置中可选择带有华丽感的金色镜子搭配白色描金边桌，注意两件物品的金色部分一定要达到色调、亮度统一。

△ 墨绿色既可以压住金色张扬的跳跃感，又能反衬出华丽的视觉效果

△ 在欧式风格中经常会见到金色和白色的搭配，金色的华丽和白色的优雅恰如其分地展现出欧式风格的奢华感

△ 金色雕花边框的镜子是欧式风格常用的软装元素

△ 在现代风格空间中适当点缀金色的软装元素，可有效提升家居的品质感

△ 金色雕花最适合表现欧式风格家具的尊贵感

△ 运用金色的挂画、花瓶等饰品调节气氛，可提升整体软装的格调

△ 降低纯度与明度的金色配合雕花细节，更能表现出一种低调的贵族气质

第13节 / 沉稳雅致的棕色实战搭配

▶ ▶ ▶ 棕色是地球的颜色，体现着广泛存在于自然界的真实与和谐，就寓意来说，在某些方面棕色差不多是与紫色相反的色彩。

 ### 13.1 棕色的色相类别

棕色是指在红色和黄色之间的任何一种颜色，属于适中的暗淡和适度的浅红，通常是由橙色和黑色混合而成。常见的有琥珀色、沙色、乳酪色、可可色、灰褐色、红褐色、赭石色、浅棕色、咖啡色、硬陶土色、巧克力色、栗子色、胡桃木色等。

栗子色
C 60 M 70 Y 70 K 30

巧克力色
C 70 M 80 Y 80 K 50

灰褐色
C 60 M 66 Y 60 K 11

 ### 13.2 棕色的意向传达

棕色属于中性暖色色调，是稳定与保护的颜色，与其他色不发生冲突。它摒弃了黄金色调的俗气，又或是象牙白的单调和平庸。因与土地颜色相近，棕色在典雅中蕴含安定、朴实、沉静、平和、亲切等意象，给人情绪稳定、容易相处的感觉。用于服装搭配上，棕色是一种永远不会过时的流行时尚色彩。

此外，棕色会让人联想到年代久远的照片和装饰材料，可以用来创造温暖和怀旧的情愫。

13.3 常见的棕色软装元素

13.4　棕色在软装中的搭配应用

棕色有很多种渐变和色调，它们中的很大一部分的名字来自于自然。浅棕色包括沙色、乳酪色，中棕色包括巧克力色、可可色，深棕色包括咖啡色、红褐色。

棕色是最容易搭配的颜色，它可以吸收任何颜色的光线，是一种安逸祥和的颜色，可以放心运用到家居中，或带给房间巴黎街头的简约时尚感，或带着新中式的韵味，或有美式田园的稳重气息。

棕色作为大地色系之一，油然而生给人一种温暖亲切感。不同程度的棕色搭配能够营造空间层次感，另外可以点缀一些金属色以提升华丽质感。棕色和白色搭配显得优雅高贵，要是再配上其他鲜艳色彩的饰品摆件效果会更好；棕色配绿色系是很高雅的配色，尤其是墨绿配咖啡色，有种低调的奢华，用在欧式家居中比较多，显得繁华大气；棕色与黑色的碰撞显得比较另类独特，一般只有年轻一族才会在家居中大胆使用，用得比较多的还是 KTV 等潮流时尚的场所；如果在棕色基调的房间里添加紫红色，这个明亮活泼的粉红色调将点亮暗淡中立的房间。

想要一个沉稳的家居空间，糖果色的装修色彩显然不合适，暗暗调是明智的选择。黑色又过于沉闷，而棕色却恰到好处，沉稳又不失高雅的格调。奶茶色、米色、深灰色、白色都是棕色的最佳搭配色。在很多样板房设计中，通常使用棕色的木质材料或墙纸，加上材料的质感，给家居增添一份宁静、平和、亲切感。如果选择深棕色木地板，适合空间较宽敞明亮的居室，面积最好在 100 平方米以上。面积过小，会使空间显得疏离，家人之间有距离感，整个居室显得空旷寂寥。

△ 棕色与降低纯度的绿色搭配，给空间带来复古文艺气质

△ 棕色与白色的搭配显得十分优雅

△ 棕色家具表现欧式古典之美

△ 棕色系的配色方案不仅营造出复古典雅的氛围，更能在低调中彰显质感

△ 来自大地和原木的棕色具有厚重感与温暖感，是营造美式乡村风格家具的常用色彩之一

△ 作为家居常用色之一，棕色系的空间总能给人沉
　稳舒适的感觉

△ 运用棕色系表现新中式韵味

△ 棕色家具表现欧式古典之美

第 4 章
常见配色印象的表现与应用

传达

高贵印象

灵感元素
▶

1.1　高贵印象的配色要点

在所有的色彩中,紫色象征神秘、高贵,金色象征王权、高贵、奢侈,白色象征纯洁、神圣、高贵,冰蓝色象征冷艳、高贵。

除了金色之外,一般室内装饰采用紫色为基调最能表达出高贵印象。紫色在古代是权贵之色,因为当时紫色染料的提取非常不易,是古罗马时期皇室和主教的专属色;在基督教中,紫色代表至高无上的地位和来自圣灵的力量;在中国古代,紫色的珠宝和衣服都是富贵人家才会拥有的。

紫色加入少量的白色在视觉上清新而有活力,显得十分优美;紫色搭配金色显得奢侈华美,黑色与紫色作为神秘二色组,也是最常见的紫色搭配,黑色能够凸显紫色的冷艳感。

△ 紫色是最能传达高贵印象的色彩之一

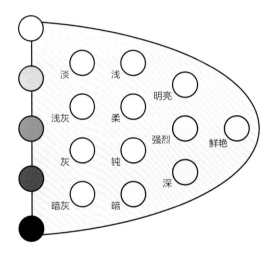

△ 色调位置:强、深、鲜艳、暗

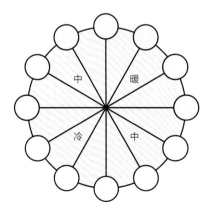

△ 色相位置:暖、中

 ## 1.2　常见的高贵印象配色色值

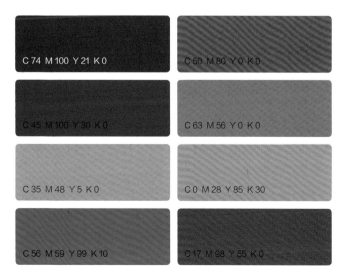

C 74 M 100 Y 21 K 0	C 50 M 80 Y 0 K 0
C 45 M 100 Y 30 K 0	C 63 M 56 Y 0 K 0
C 35 M 48 Y 5 K 0	C 0 M 28 Y 85 K 30
C 56 M 59 Y 99 K 10	C 17 M 98 Y 55 K 0

色彩运用解析 **杨 梓** 软装色彩专家顾问

∴ 成都尚舍设计公司软装设计师
∴ 四川师范大学美术学院毕业
∴ 毕业至今从事软装设计工作近 10 年
∴ 秉承"有人、有情、有故事、有生活"的软装设计理念
∴ 作品"成都永立龙邸项目 D2 样板房"曾获 2014 年
　四川省成都市第三届陈设艺术设计大赛金奖

1.3　高贵印象的配色实战案例解析

浅咖色

克莱因蓝

金色

水蓝色

空间色彩运用解析　　　　　　　　　　　　　　联智造营设计

背景色：米白色 + 浅咖色

主体色：克莱因蓝　　　　　　　　　　　　　　点缀色：金色 + 水蓝色

时尚摩登的空间，配色充满活力，开放度高。明亮的米白色背景下，家具的主体色克莱因蓝，好似空间中一道亮丽纯净的风景线，从图片这个角度的用色面积理解，克莱因蓝在空间中既是主体色，又是点缀色。和米白色同属一个家族色系的金色，以不锈钢材质呈现，增加了空间的精致度。在暖色的空间中加入冷色，能够提升空间的张力。而时尚的颜色结合现代化材质的运用，是诠释时尚摩登室内空间的完美表现。

浅灰色

绛紫色

金色

玛莎拉红

空间色彩运用解析　　　　　　　　　　　　　　集艾设计

背景色：米白色 + 深褐色

主体色：浅灰色 + 绛紫色　　　　　　　　　　点缀色：金色 + 玛莎拉红

用色搭配手法非常富有技巧的空间，绛紫色在其中的运用如同一杯甘醇的美酒，随着清风的浮动，撩拨味蕾与感官。背景色是米白色，主体家具是浅灰色，空间中的主要色调有冷暖差异的变化，绛紫色作为中性色，在空间中运用的比例关系非常适宜，考究的有意思的墙画、金色的吊灯，是空间中的点睛之笔，搭配适宜的设计让空间有序地表现出高贵的气质。

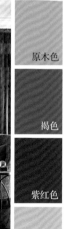

原木色

褐色

紫红色

金色

空间色彩运用解析

背景色：白色 + 绛紫色 + 褐色

主体色：原木色 + 褐色　　　　　　　　　　点缀色：紫红色 + 金色

紫色运用在空间中，优雅浪漫，这是一个契合女性心理的高雅空间配色方案，紫色运用的面积比例大，从墙面到地面，都能感受到紫色带来的浪漫气息，如同一曲浪漫的华尔兹。主体家具选用原木色结合米白色床品，提亮整个空间，褐色的边柜带来的稳定感与精致感，与浪漫的紫色结合，色相相邻，配色稳健。紫红色地毯是空间中饱和度最高的颜色，在绛紫色墙面的映衬下，将高贵的女性主题精彩演绎。

传达华丽印象的配色

传达
华丽印象
灵感元素 ◀

2.1 华丽印象的配色要点

色彩的华丽与朴素感与色相的关系最大，其次是纯度与明度。金色与银色是金碧辉煌、富丽堂皇的宫殿色彩，是古代帝王的专用色，让人联想到龙袍、龙椅等；在传统的节日里，喜庆的红色表现出浓郁的华丽气息；西方人对紫色、深蓝色情有独钟，认为这两种色彩是高贵、富裕的象征。

在现代软装设计中，表现华丽印象的配色通常选择以暖色系的色彩为中心，局部展现冷色系色彩，通过鲜艳明亮的色调尽可能扩大色相范围。作为主色的暖色应以接近纯色的浓重色调为主，如金色、红色、橙色、紫色、紫红等，这些色彩的浓、暗色调具有奢华且富有品质的感觉。

△ 偏暗的暖色适合表现成熟感和豪华感

△ 红色与金色的搭配传达出奢侈华美的感觉

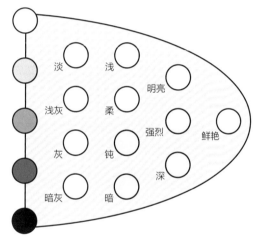

△ 色调位置：强、深、暗、钝

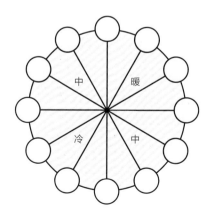

△ 色相位置：暖、中

 ## 2.2 常见的华丽印象配色色值

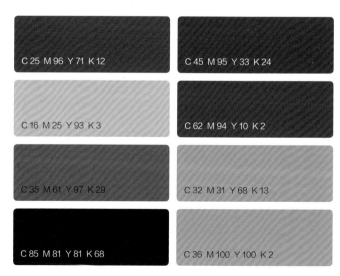

C 25 M 96 Y 71 K 12	C 45 M 95 Y 33 K 24
C 16 M 25 Y 93 K 3	C 62 M 94 Y 10 K 2
C 35 M 61 Y 97 K 29	C 32 M 31 Y 68 K 13
C 85 M 81 Y 81 K 68	C 36 M 100 Y 100 K 2

2.3 华丽印象的配色实战案例解析

| 桃粉色 | 芥末黄 | 森林绿 | 玫瑰粉 |

空间色彩运用解析

背景色：桃粉色

主体色：桃粉色 + 芥末黄 + 黑白色

点缀色：绿洲色 + 森林绿 + 玫瑰粉

如蜜桃般粉嫩的空间，用色大胆时尚，大面积的桃粉色营造出少女般甜美的气息，介于黄色和绿色之间的芥末黄，与桃粉色形成对比色彩关系，有着经典千鸟格图案的黑白地毯在空间中的作用尤其重要，地毯中和了大面积粉嫩色系给人带来的甜腻感，黑白分明的颜色明快地铺陈于地面，为空间带来摩登时尚感和力量感，整体空间如同走在时尚前端的弄潮儿，个性鲜明且活力满满。

米白色

金色

米灰色

庞贝红

空间色彩运用解析

背景色：米白色 + 金色 + 米灰色

主体色：米白色 + 金色 + 米灰色　　　　　　　　　　点缀色：庞贝红

仿佛散发着奶油香的唯美空间，米白色与金色的搭配让空间散发着浅浅的光芒，金色的墙面雕花造型精致唯美，家具造型线条优雅流畅，给空间带来属于女性的华丽温柔的感觉，两个庞贝红的单椅点缀在其中，升华了女性的主题。

褐色

玛莎拉红

橙色

金色

空间色彩运用解析

背景色：米白色 + 褐色

主体色：玛莎拉红 + 橙色　　　　　　　　　　点缀色：金色 + 蓝光色

用褐色作为空间的背景色，营造出一种考究大气的基调，顶面留白，减轻了大面积褐色带来的压迫感。主体家具选用玛莎拉红，亮面的烤漆、丝绒、皮革材质与家具上的金色细节搭配，体现贵族般的格调，选用灰色调的地毯，与顶面呼应，减轻空间的压迫感，地毯上的红橙色图纹，与家具的颜色也有了很好的呼应，空间用色统一考究，富有细节。

传达

都市印象

灵感元素 ▶

3.1 都市印象的配色要点

　　都市印象中常见的配色，往往都是能够使人联想到商务人士的西装、钢筋水泥的建筑群等的色彩。通常以灰色、黑色等与低纯度的冷色搭配，明度、纯度较低，色调以弱、涩为主。

　　蓝色系搭配能够展现城市的现代感，灰蓝色具有典型的男性气质；灰色是经常出现在都市环境中的色彩，比如写字楼的外观、电梯、办公桌椅等；在冷色系配色中添加茶色系色彩，给人以时尚、理性的感觉；黑色与白色表现出了两个极端的亮度，而这两种颜色的搭配使用通常可以表现出都市化的感觉。

△ 灰色是表现都市印象不可缺少的颜色

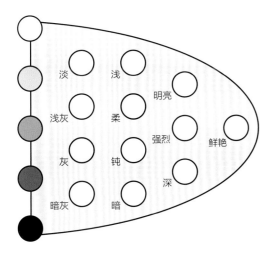

△ 色调位置：灰、柔

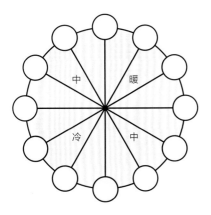

△ 色相位置：冷

 3.2 常见的都市印象配色色值

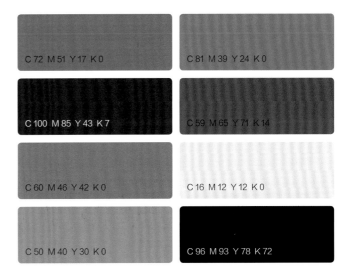

C 72 M 51 Y 17 K 0

C 81 M 39 Y 24 K 0

C 100 M 85 Y 43 K 7

C 59 M 65 Y 71 K 14

C 60 M 46 Y 42 K 0

C 16 M 12 Y 12 K 0

C 50 M 40 Y 30 K 0

C 96 M 93 Y 78 K 72

3.3 都市印象的配色实战案例解析

中灰色

灰蓝色

水蓝色

香槟金

空间色彩运用解析

背景色：米灰色 + 中灰色 + 褐色

主体色：米白色 + 灰蓝色   点缀色：水蓝色 + 香槟金

此空间中，最高级的颜色当属灰色，用灰色诠释现代轻奢风格的空间，材质运用皮革和石材，非常具有硬朗的都市气质，搭配灰蓝色，冷色充满整个空间，展现着独特的优雅与格调。地面的褐色和米白色的主体沙发，增添了空间的色彩对比和层次关系，抱枕以及香槟金色细节的暖色点缀，提升奢美艺术质感。

米灰色

米白色

咖啡色

银色

空间色彩运用解析

背景色：米灰色 + 米白色

主体色：米灰色 + 米白色   点缀色：咖啡色 + 银色

此空间配色如同一杯少糖的咖啡，醇香、让人回味。米灰色的背景色下，用米白色的床品提亮空间的整体色彩，咖啡色床旗和装饰画，床两侧的咖啡色床头柜对称点缀，整个空间都是围绕咖啡色系来搭配，没有过多其他的颜色点缀，克制、含蓄、有力量。银色在空间中点缀，提升空间的质感，花艺的色彩就如同咖啡中的一点糖，为空间带来温暖的气息。

 咖啡色   褐色   灰蓝色   香槟金

空间色彩运用解析

背景色：米灰色

主体色：咖啡色 + 褐色

点缀色：灰蓝色 + 香槟金

暖色系的室内空间，皮革和金属的质感带来绅士般的气质。背景色是统一的米灰色系，主体家具的颜色——咖啡色与褐色，和背景色属同一色彩家族，有层次地递进式运用在空间中，重色的运用注重色彩比例，用灰蓝色点缀，墙面的玛瑙材质和皮革材质相互呼应，都是表达精致与格调的材质，家具腿部的金属提升空间的质感，空间内敛而沉静。

第4节 / 传达自然印象的配色

4.1　自然印象的配色要点

　　简单纯粹自然生活，成为越来越多都市人的心之所往。在软装设计时可将大自然配色创意地运用到家居装饰中，营造自然空间氛围，享受舒适的居家时光。自然印象主体的配色是从自然景观中提炼出来的配色体系，具有很强的包容感，例如大地、原野、树木、花草等色彩给人温和、朴素的印象，色相以浊色调的棕色、绿色、黄色为主，明度中等、纯度较低。

　　树木的绿色和大地的棕色是取自自然中广泛存在的色彩，两者搭配体现质朴的感觉；褐色加棕色，使人联想到成熟的果实和收获的景象；棕木色系是打造乡村风格居室常用的色彩，加一点做旧感的话，立刻散发出森林木居的气息；纯度稍低的绿色和红色，这两种互补色的搭配，构成了一副真实自然界的画面；从深茶色到浅褐色的茶色系色彩，通过丰富的色调变化，能传达出让人放松的自然气息，在美式乡村风格中应用广泛。

△ 取自泥土、树木等自然素材的色彩给人温和、朴素的印象

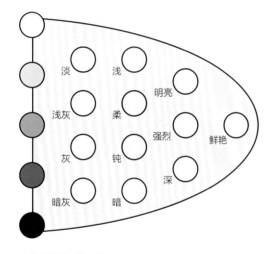

△ 色调位置：柔、钝

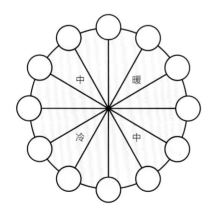

△ 色相位置：冷、中

 4.2　常见的自然印象配色色值

C 52 M 60 Y 86 K 7	C 33 M 5 Y 81 K 0
C 45 M 87 Y 100 K 13	C 48 M 29 Y 45 K 0
C 34 M 14 Y 30 K 0	C 24 M 0 Y 55 K 0
C 32 M 34 Y 99 K 20	C 8 M 36 Y 54 K 1

4.3 自然印象的配色实战案例解析

| 果绿色 | 浅叶色 | 米灰色 | 珊瑚红 |

空间色彩运用解析

背景色：果绿色 + 米白色 + 褐色

主体色：浅叶色 + 米白色 + 米灰色　　　　　点缀色：珊瑚红

自然惬意的空间，米白色的墙面结合褐色的木质带来质朴的暖意，其中一面果绿色的墙，又为空间增添清新的气息，在这样的背景色组合基础之上，主体家具的色系选择与背景色一致，主体色和背景色相互统一融合，单人沙发的面料图案呈自然的叶子形状，与空间的气质呼应，抱枕色珊瑚红与背景色褐色同属于红橙色，抱枕图案稀释了珊瑚红的面积，点缀于空间中，极富灵气。

| 奶油色 | 薄荷蓝 | 褐色 | 珊瑚红 |

空间色彩运用解析

背景色：奶油色 + 薄荷绿 + 原木色

主体色：薄荷蓝 + 褐色 + 灰色　　　　　点缀色：珊瑚红

奶油色作为大面积背景色的空间，顶面和室内布艺的薄荷色相互呼应，给空间带来温情的氛围及暖意，家具和门的褐色木色，有着自然的质感和肌理，与奶油色同属红橙色彩家族的珊瑚红色系，取自空间背景色，用小面积的高饱和度色彩为空间的搭配增添点睛的一笔。

| 奶茶色 | 褐色 | 米灰色 | 深牛仔蓝 |

空间色彩运用解析

背景色：奶茶色 + 褐色

主体色：米灰色　　　　　点缀色：深牛仔蓝 + 砖红色

大地色系运用在空间中属于最稳定的色彩运用，在同色系中找变化，从墙面到地面再到空间的主体家具，用色从浅到深富有层次，运用材质的肌理变化丰富整个空间。带有野性趣味的深牛仔蓝点缀在空间中，为空间增添了活力。

传达清新印象的配色

传达

清新印象

灵感元素 ▶

5.1 清新印象的配色要点

对于生活在都市中的现代人来说，清新印象的配色如清风拂面，让人舒适轻松。色彩中清新效果最强的是具有透明感的明亮冷色，以淡、苍白和白色为主的色调区域，传达轻柔清新的印象。色彩对比度低，整体画面呈现明亮的色调，是清新配色的基本要求。

明度很高的绿色和蓝色搭配在一起可以给人清凉和舒适感。加入黄绿色，给人温暖而又充满新生力量的感受；加入蓝色与白色，则能进一步强调新鲜感，给人海天一色的清爽意境，常见于地中海风格的空间中。

△ 越是接近白色的明亮色彩越能体现出清新的效果

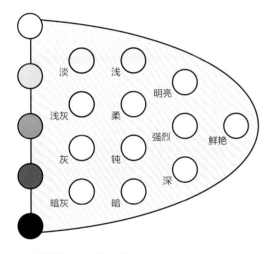

△ 色调位置：淡、浅灰、浅

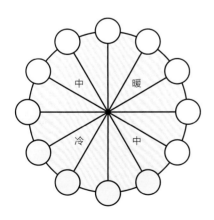

△ 色相位置：冷、中

5.2 常见的清新印象配色色值

C 0 M 10 Y 25 K 0

C 0 M 0 Y 0 K 0

C 42 M 1 Y 4 K 0

C 10 M 0 Y 30 K 0

C 24 M 7 Y 0 K 0

C 67 M 0 Y 9 K 0

C 38 M 2 Y 72 K 0

C 55 M 17 Y 80 K 0

代尔夫特蓝	原木色	甜橙色	普蓝色

空间色彩运用解析

背景色：白色＋代尔夫特蓝＋原木色

主体色：代尔夫特蓝＋白色　　　　　点缀色：甜橙色＋普蓝色＋深灰色

优雅的蓝色矢车菊，象征着遇见和幸福，此空间在墙面运用蓝色矢车菊图案，有纯真明媚之感。代尔夫特蓝温柔地散落在空间中的窗帘上和家具上，对比着甜橙色像阳光，大面积的留白，重色的梁和茶几，运用纹理、造型和色彩主导空间气质的走向。

薄荷绿	绿松石色	白色	玫瑰粉

空间色彩运用解析

背景色：薄荷绿＋白色

主体色：绿松石色＋白色　　　　　点缀色：玫瑰粉

如同花园般明媚清新的餐厅空间，背景色薄荷绿让空间中充满着植物的气息，主体家具运用绿松石色，让空间更有活力，植物的运用，结合装饰画的植物画面，餐布与餐具上的植物图案，空间从大面积的颜色和细节的图案都在营造同一种清新的氛围。

婴儿蓝

米白色

原木色

灰蓝色

空间色彩运用解析

背景色：婴儿蓝＋米白色

主体色：婴儿蓝＋米白色　　　　　点缀色：原木色＋灰蓝色

蓝白条纹的墙面和米白色地面的色彩组合让空间感觉非常清新和充满活力，仿佛有着新生儿般清澈的眼睛，床品上和台灯灯罩上的几何图案与墙面的气质统一，此空间用色非常粉嫩，家具上的木作原木色是空间中的重色点缀，用色节奏处理得恰到好处。

传达

浪漫印象

灵感元素 ▶

6.1　浪漫印象的配色要点

能够营造浪漫氛围的色彩，大都以彩度很低的粉紫色为主，如淡粉色、淡薰衣草色。随着涂料配色工艺的发展，越来越多的浪漫色彩被创造出来，如艺术气质很浓的紫色、妩媚的桃粉色等。

明亮的紫红和紫色给人以轻柔浪漫的感觉，加入淡粉色呈现出甜美的梦境；加入蓝绿、蓝等色系，会有童话世界般的感觉。粉红、淡紫和桃红会让人觉得柔和、典雅，其中粉红色通常是浪漫主义和女性气质的代名词，它常与少女服装、甜蜜糖果和化妆品等紧密联系，展示出一种梦幻感。

△ 粉色系最适合营造浪漫朦胧的感觉

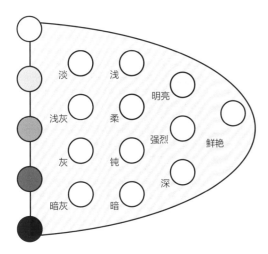

△ 色调位置：淡、浅、柔、明亮

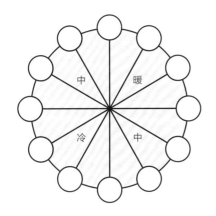

△ 色相位置：冷、中

6.2　常见的浪漫印象配色色值

C 3 M 25 Y 3 K 0	C 3 M 12 Y 25 K 0
C 20 M 1 Y 2 K 0	C 3 M 40 Y 33 K 0
C 5 M 20 Y 0 K 0	C 10 M 4 Y 2 K 0
C 3 M 16 Y 14 K 0	C 47 M 100 Y 60 K 6

6.3 浪漫印象的配色实战案例解析

香芋紫

玫瑰色

白色

空间色彩运用解析

背景色：香芋紫

主体色：玫瑰色 + 白色　　　　　　　　　点缀色：玫瑰色

适合卧室的配色方案，香芋紫，清新文雅，是很多女生追捧的颜色，用香芋紫做空间的背景色，能让整个空间充满浪漫的情调，此空间中的软装搭配与硬装完美结合，床屏的玫瑰色，与香芋紫都属于紫红色系，同色相不同明度。大面积白色的床品给空间留白，空间轻重有序，唯美动人。

| 灰粉色 | 藕褐色 | 柠檬黄 | 玫瑰色 |

空间色彩运用解析

背景色：灰粉色 + 灰白色

主体色：藕褐色 + 柠檬黄　　　　　　　点缀色：柠檬黄 + 玫瑰色

如何打造一间浪漫的卫浴间，用粉色是最佳的选择。此空间中，用加了灰度的粉色来诠释，粉色加了灰，在俏皮中多了优雅，在可爱中多了精致，墙面玫瑰色的画，与背景色拉开层次关系，空间用色稳定不浮躁。黄色是红色的相邻色系，小面积的柠檬黄是空间中的蜜，空间有温情，有浪漫，有活力。

| 水晶玫瑰粉 | 白色 | 金色 | 深灰绿色 |

空间色彩运用解析

背景色：水晶玫瑰粉 + 白色

主体色：水晶玫瑰粉　　　　　　　　　点缀色：金色 + 深灰绿色

被粉色包裹的空间，带来极致的浪漫，在这个粉红空间里，墙面的装饰画组合使用白色底黑线条的画面内容，白色的画在粉色的墙面之上，白色在这里起到了稀释大面积粉色带来的视觉膨胀感的作用，用深色好看的地面拼贴让空间能够沉下来，地面的深灰绿色与粉色空间形成对比色，金色在其中，为空间增添了精致的一笔。

传达

复古印象

灵感元素 ▶

7.1　复古印象的配色要点

在复古风潮愈加风靡的今天，以怀旧物件和古朴装饰为主要布置方式的复古风也悄然流行于室内软装设计中。复古风格家居巧妙利用色彩与配饰的交相呼应，呈现出具有时间积淀感的怀旧韵味，让人百看不厌。复古色不是单指一种颜色，而是指一个色调，看起来比较怀旧，比较古朴。

复古印象主体的配色常以暗浊的暖色调为主，明度和纯度都比较低。很多颜色都可以表现出复古的味道，如褐色、白色、米色、黄色、橙色、茶色、木纹色等。其中褐色是最具代表性的一种色彩，褐色与橙黄色搭配给人以含蓄的怀旧印象，褐色与深绿色搭配，容易产生时光一去不复返的共鸣。

△ 复古工业风的配色其实追求的是一种斑驳的简单美

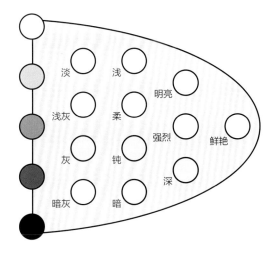

△ 色调位置：灰、钝、暗、深

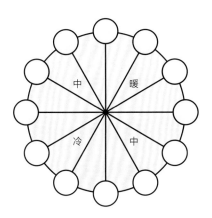

△ 色相位置：暖、中

7.2　常见的复古印象配色色值

C 45 M 60 Y 79 K 3	C 61 M 73 Y 91 K 47
C 29 M 52 Y 59 K 0	C 3 M 15 Y 34 K 0
C 28 M 33 Y 69 K 0	C 57 M 23 Y 70 K 0
C 48 M 50 Y 54 K 0	C 25 M 48 Y 35 K 0

褐色	咖啡色	雪松绿	红色

空间色彩运用解析

背景色：褐色

主体色：咖啡色＋雪松绿　　　　　　　　点缀色：红色＋银灰色

雪松绿与褐色搭配运用，表达一种纯粹原始的力量感，久居都市的人们从繁忙的工作中回到家，有一种从现代回归到丛林中的闲适之感。在这个以褐色为背景色的空间中，地面的浅色皮毛地毯有着自然的肌理和质感，提亮整个空间，雪松绿的明度及饱和度适中，在主体家具上运用雪松绿，带来森林般的自然感受，雪松绿的用色比例可再大一些，用红色花卉点缀，倘若壁炉打开，你能感受到一种安然的状态和美感。

咖啡色	橙赭色	柠檬黄

空间色彩运用解析

背景色：咖啡色

主体色：橙赭色　　　　　　　　　　　　点缀色：柠檬黄

美式乡村风格色系中，爱用大地色系表达自然而然的生命力感受，这是一个富有生活气息的餐厅空间，背景色都是大地色系中的咖啡色，给人质朴温暖的感受，餐椅选用橙赭色，是比咖啡色饱和度高的大地色系，刚摘下来的柠檬放在餐桌上，饱和度最高，点缀空间刚刚好。空间在同色系中，运用不同的明度和饱和度打造，色调统一，材质考究复古，餐桌上未看完的书给人以联想，仿佛下一秒就能看见人们围坐在餐桌旁欢乐嬉笑。

	大地色
	咖啡色
	深紫色
	蓝紫色

空间色彩运用解析

背景色：褐色＋大地色

主体色：咖啡色＋深紫色　　　　　　　　点缀色：蓝紫色＋紫罗兰色

属于大地色系的褐色，贴近自然本身，大面积运用于空间中，能够激发空间的能量，散发复古的美感。此空间中，大地色系作为背景色，尤以褐色居多，占据了空间大面积的色彩比例，给人稳定感，地面以及砖墙的大地色和单人沙发的咖啡色，提亮空间。加入颜色几乎接近褐色系的深紫色运用，点缀色则从深紫色里提取蓝紫色和饱和度高的紫罗兰色，紫色系的加入给空间增添了优雅的美感，空间气质考究，细节优雅精致。

传达传统印象的配色

传达

传统印象

灵感元素 ◀

8.1 传统印象的配色要点

传统印象的室内空间具有历史感和怀旧感，给人十分高档的感觉，配色以暗浊的暖色调为主，明度和纯度都很低，明暗对比较弱。褐色、茶色、绛红、焦糖色、咖啡色、巧克力色等是表现传统印象的主要色彩。

明度较低的褐色与黑色搭配显得成熟而稳重；褐色搭配深绿色给人庄重严肃的印象；茶色与褐色的搭配具有浓郁的怀旧情调；深咖色具有十分坚实的感觉，大面积的运用给人一种沧桑厚重的时代回望，是传达传统印象的常见选择之一。

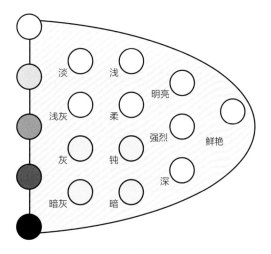

△ 色调位置：灰、暗灰、钝、暗

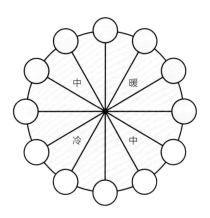

△ 色相位置：暖、中

△ 中国传统印象的配色多采用具有东方文化底蕴和内涵的色彩

8.2 常见的传统印象配色色值

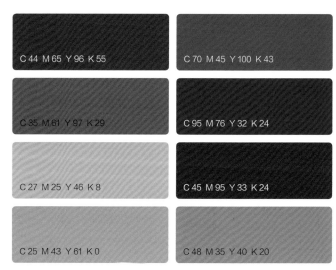

C 44 M 65 Y 96 K 55	C 70 M 45 Y 100 K 43
C 35 M 61 Y 97 K 29	C 95 M 76 Y 32 K 24
C 27 M 25 Y 46 K 8	C 45 M 95 Y 33 K 24
C 25 M 43 Y 61 K 0	C 48 M 35 Y 40 K 20

8.3 传统印象的配色实战案例解析

| 冰川灰 | 灰蓝色 | 亮银色 | 浅蓝色 |

| 橙赭色 | 原木色 | 金色 | 海蓝色 |

空间色彩运用解析

背景色：冰川灰 + 灰褐色 + 褐色
主体色：冰川灰 + 灰蓝色 + 黑色　　　　　点缀色：亮银色 + 浅蓝色

现代中式风格空间，用色摒弃传统的色彩浓烈的用色搭配，趋于灰色调表现，如同天青色等烟雨的意境氛围表达，"意"大于"形"。此空间中的背景色由墙面的白色、灰褐色及地面的冰川灰组成，褐色在其中让人觉得沉稳，家具的主体色延续这几个背景色，灰蓝色的茶席带来清冽自然之感，为空间增添写意空灵的感受。

空间色彩运用解析

背景色：米白色 + 橙赭色 + 原木色
主体色：橙赭色 + 金色 + 海蓝色　　　　　点缀色：绿色

满空间被橙赭色包围，空间极富力量感和健壮感，背景色与主体家具色均为橙赭色，木饰面与皮革材质让橙赭色散发着不一样的色感和温度，顶面用米白色做留白处理，地毯上的金色与橙赭色同属橙色色彩家族，海蓝色是橙色的对比色，空间因此有开放度，绿植在其中的作用也很大，给这个用色传统的空间增添了空气感，空间更透气。

银灰色

米灰色

橙红色

金色

空间色彩运用解析

背景色：银灰色 + 黑色
主体色：米灰色 + 橙红色 + 金色　　　　　点缀色：金色 + 灰蓝色

这是一个充满着诗情画意的餐厅空间，背景色运用灰色和写意自然的中式传统图样，主体家具的米白色与橙红色搭配精致，地毯的纹样气质与屏风表达的内容气质一致，空间配色注重用色彩的灰度来表现中国风的空灵，运用红色的色彩面积刚刚好，传统印象表现绝不仅停留在浓妆艳抹，空灵淡雅也能构成一幅温暖的画卷。

传达活力印象的配色

传达

活力印象

灵感元素 ▶

9.1　活力印象的配色要点

　　活力印象的家居空间给人热情奔放、开放活泼的感觉，是年轻一代居住者的最爱。配色上通常以鲜艳的暖色为主，色彩明度和纯度较高，如果再搭配上对比色的组合，可以呈现出极富视觉冲击感的空间。

　　鲜艳的黄色给人阳光照射大地的感觉，即使是少量使用，也可作为点缀色给空间增添一种活泼和积极向上的感觉；混合了热情红色和阳光黄色的橙色，被认为是最有活力的颜色，与红色搭配可以展现运动的热情和喧闹，与少量的蓝色搭配形成对比，特别能凸显出配色的张力。

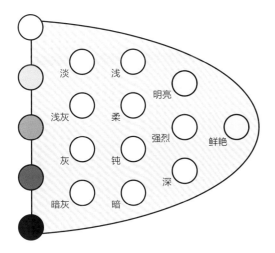

△ 色调位置：明亮、鲜艳

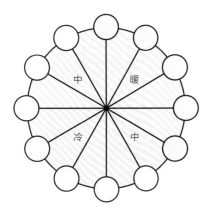

△ 色相位置：暖、中

△ 鲜艳的黄色具有热烈的感觉，充分传达出活力与休闲感

9.2　常见的活力印象配色色值

C 65 M 0 Y 29 K 3	C 3 M 9 Y 50 K 0
C 2 M 14 Y 85 K 0	C 5 M 37 Y 94 K 0
C 2 M 66 Y 53 K 0	C 6 M 75 Y 82 K 0
C 28 M 1 Y 91 K 0	C 2 M 40 Y 33 K 0

9.3 活力印象的配色实战案例解析

	柠檬黄
	玫瑰粉
	挪威蓝
	绿松石色

空间色彩运用解析

背景色: 白色

主体色: 柠檬黄 + 玫瑰粉　　　　　　　　点缀色: 挪威蓝 + 绿松石色

每一个被春天般灿烂的颜色唤醒的美好早晨，色彩开启活力满满的一天。柠檬黄的床，搭配以玫瑰粉为主的色彩亮丽的床上用品，空间中的配色看似活泼自在，实则极具章法可循。在大面积留白的空间里，相邻色系的黄色系和粉色系，色彩搭配比例相当，色彩明快的挪威蓝和绿松石色点缀其中，与黄色系、与粉色系形成两组对比色彩，空间开放度高，营造出初春的活力与希望。

	蓝光色
	挪威蓝
	灰蓝色
	玫瑰粉

奶茶色	柠檬黄	白色	金色

空间色彩运用解析

背景色: 白色 + 奶茶色

主体色: 柠檬黄 + 白色　　　　　　　　点缀色: 金色

表达活力的印象配色，不是一定要用对比色系表现，在同色系中，运用色彩的明度和饱和度的搭配，同样能呈现非常好的效果。饱和度最高的黄色——柠檬黄，自带阳光与活力，背景色奶茶色在主体家具是柠檬黄的对比下，有后退的效果，象牙白家具色彩对称运用，都是为了凸显柠檬黄的床、吊灯以及最靠近镜头的书本。柠檬黄就是这个空间的活力代表。

空间色彩运用解析

背景色: 蓝光色 + 褐色

主体色: 挪威蓝 + 百合白 + 灰蓝色　　　　点缀色: 玫瑰粉

流动的蓝，宛如一首舒缓的歌曲，*丝丝缕缕层层在空间中递进*。从墙面到家具主体，延伸到床上用品，再精致到抱枕、花器和首饰盒等细节，蓝色在空间中画下唯美动听的音符。书椅的造型恰似将蓝色传达的抽象概念具体化，椅背似音符，造型纤细。玫瑰粉的床品、褐色地板上浅灰蓝色的地毯以及百合白的床尾凳，将空间的氛围打造得更加青春浪漫。

第 10 节 / 传达时尚印象的配色

传达

时尚印象

灵感元素 ▼

10.1　时尚印象的配色要点

比简约更加凸显自我、张扬个性的现代时尚风格已经成为追求艺术的居住者在家居设计中的首选。前卫的意向给人时尚、动感、流行的感受，所使用的色彩饱和度较高，通常适用对比较强的配色来实现，例如黑色与白色的对比，红色与蓝色、绿色的互补配色更能表现张力。

大量的明黄色可以表现活泼动感的印象；银灰色系是表现金属质感的主要色彩之一，因而要表达现代都市的时尚感，可以适当使用，甚至大面积使用，但是要注重图案和质感的构造；黑白色系简洁大方，能够制造出前卫惊艳的视觉效果，同时也是经典的、永不过时的潮流元素之一。

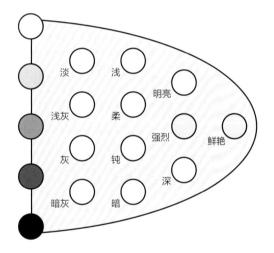

△ 色调位置：强烈、鲜艳

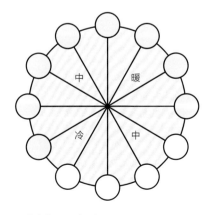

△ 色相位置：暖、中

△ 黑白灰配色一直是现代时尚风格的象征之一

10.2　常见的时尚印象配色色值

C 7 M 70 Y 91 K 0

C 13 M 96 Y 16 K 0

C 0 M 0 Y 100 K 0

C 100 M 0 Y 0 K 0

C 23 M 6 Y 88 K 0

C 34 M 27 Y 25 K 0

C 1 M 43 Y 6 K 0

C 0 M 45 Y 45 K 0

10.3 时尚印象的配色实战案例解析

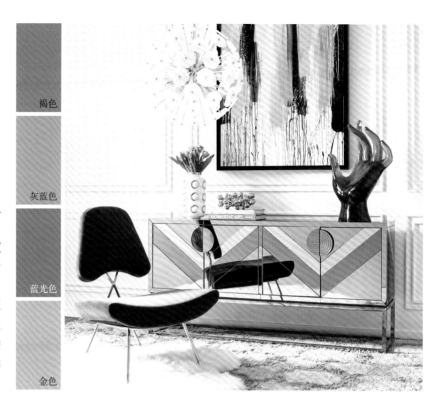

褐色

灰蓝色

蓝光色

金色

空间色彩运用解析

背景色：白色 + 褐色

主体色：黑色 + 灰蓝色　　　　点缀色：香槟粉 + 蓝光色 + 金色

在当代时尚的空间中，图案与造型、颜色相互统一，讲述同一个空间发生的故事，此空间中的配色颇有讲究，背景色墙面的白色，与边柜的灰蓝色，再到地毯的米灰色，主要的用色皆为浅色，主体家具、艺术装饰品以及墙面画中的黑色，是空间的重色平衡。蓝光色点缀于空间中，与香槟粉呈对比色，空间开放度高，充满动感与活力。

浅蓝色

薄荷绿

黄奶油色

珊瑚红

空间色彩运用解析

背景色：浅蓝色

主体色：薄荷绿　　　　点缀色：黄奶油色 + 珊瑚红

蓝色和绿色给人的印象是清爽的，此空间中，主体沙发的薄荷绿和浅蓝色的背景墙给人清凉之感，融进空间里，有种夏天般的美好。与点缀色黄奶油色和珊瑚红的组合，似一场美丽的邂逅，在清爽空间中有了热闹的旋律。墙面的装饰画，有着摩登时代的气质，运用在空间中增添酷炫之感。

灰白色

黑色

金色

桃粉色

空间色彩运用解析

背景色：灰白色 + 浅灰色 + 黑色

主体色：金色

点缀色：桃粉色

时尚、大胆、前卫的空间，用大面积的几何色块、黑白分明的色彩、当代艺术材质、艺术性的墙画高调做装饰。

在这个黑白灰的空间中，金色在这里代表的不是贵气，而是一种酷炫的主题。

第 5 章

室内软装风格与配色方案

第1节 / 新中式风格配色方案

 ### 1.1 新中式风格配色要点

　　新中式风格不是对传统家居风格的简单复制，而是用现代的审美和表现手法，继承并发扬传统文化的精髓，是传统元素与现代手法的完美结合。新中式风格的色彩定位早已不仅仅是原木色、红色、黑色等传统中式风格的家居色调，其用色的范围非常广泛，不仅有浓艳的红色、绿色，还有水墨画般的淡色，甚至还有浓淡之间的中间色，恰到好处地起到调和的作用。

　　新中式风格的色彩趋向于两个方向发展：一种类型是富有中国画意境的色彩淡雅清新的高雅色系，以无彩色和自然色为主，能够体现出居住者含蓄沉稳的性格特点；另一种类型是富有民俗气息的色彩鲜艳的高调色系，这种类型通常以红、黄、绿、蓝等纯色调为主，映衬出居住者外向开朗的个性。

常见的新中式风格配色方案

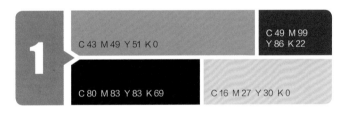

启
发
新中式风格
配 色 灵 感
的 软 装 细 节

色彩运用解析　**刘方达**　软装色彩专家顾问

∴ 毕业于西安美术学院建筑环境艺术系, 10 年室内设计经验
∴ 注册高级室内建筑师（编号 A0745151SA110519）
∴ 中国建筑装饰协会注册会员
∴ 江苏锦华建设集团堂杰国际设计专家设计师
∴ 中国室内设计联盟设计方案课程特聘人气讲师
∴ 腾讯课堂特聘室内设计方案讲师
∴ 中国电力出版社软装图书特聘专家顾问
∴ 2017 年获中国国际空间设计大赛别墅组银奖

1.2　新中式风格配色实战案例解析

| 亮白色 | 亮面黑 | 香槟金 | 柿子红 |

空间色彩运用解析

天鼓设计

背景色: 亮白色
主体色: 亮面黑　　　　　　　　　　　　点级色: 香槟金 + 柿子红

亮白色以光洁无暇为美，尤其适合在高端住宅中使用，能带来通透明
快的观感，十分讨喜，并且有很好的提亮作用。家具采用黑色烤漆面，
和背景色形成很强的明暗对比，可突出家具的造型感，香槟金的装饰
线条刻画出空间轮廓与风格元素，并施以柿子红的软装点缀，使得空
间温馨典雅，这种配色效果值得学习。

| 白色 | 浅木纹色 | 亮灰色 | 天青色 |

空间色彩运用解析

联智造营设计

背景色: 白色
主体色: 浅木纹色 + 亮灰色　　　　　　点级色: 天青色

白色的背景色奠定明亮的中式格调，这是受众很广的一种做法，而浅
木纹色与亮灰色作为主体色平添一份雅致，这种明快的低饱和度空间
需要用高饱和度高明度的颜色来作为点缀，天青作为中国陶瓷用釉中
的经典，是最好的选择，周世宗有云"雨过天晴云破处，这般颜色做
将来。"善用青瓷，可以让空间呈现出极致的典雅。

米白色

棕色

靛蓝色

玄黑色

空间色彩运用解析

成象设计

背景色：米白色
主体色：棕色

点缀色：靛蓝色 + 玄黑色

米白色作为通用色，在现代中式的设计中可以调和诸多元素，本案以米白色作底，辅以玄黑色线条勾勒轮廓，使得整体的大关系得到确立。在立面效果上，以棕色木饰面作为色块对比，再加上壁龛与灯带，弱化棕色的厚重感，令其具备节奏，最后辅以靛蓝色软装点缀，突出了中式文化的特征。

米灰色

米白色

苍绿色

藤黄色

空间色彩运用解析

星翰设计

背景色：米灰色
主体色：米白色

点缀色：苍绿色 + 藤黄色

米灰色墙地一体的做法往往能够营造出平衡度较高的空间，并且更容易凸显软装，而主体色采取相近的米白色，来弱化家具的体量感，在此前提下，采用饱和度较低的苍绿色与藤黄色，可以有效打造出犹如初春的清新暖阳气质。

| 烟灰白 | 灰色 | 浅海昌蓝 | 黄铜色 |

| 米灰色 | 茶棕色 | 蟹蓝色 | 玄黑色 |

空间色彩运用解析

天鼓设计

背景色：烟灰白色 + 灰色

主体色：灰色 + 浅海昌蓝　　　　　　　　点缀色：黄铜色

本案以浅灰色系作为主背景色来处理出优雅的中式语境，大块面的主体色通过灰木纹质地与浅海昌蓝来体现，使得沉稳高贵的浅海昌蓝在空间中呈现出惊鸿一瞥的风姿，点缀色以黄铜拉丝肌理来处理，勾勒整体的轮廓。

空间色彩运用解析

上海飞视设计

背景色：米灰色

主体色：茶棕色　　　　　　　点缀色：蟹蓝色 + 玄黑色

米灰色系作为背景色可带来具有时代感的视觉冲击，辅以茶棕色的木饰面以加强这份历史的沉淀。在点缀色的运用上，蟹蓝色的床品与装饰画极大地加强了材质的肌理对比，虽说蓝色因其阴郁而不适用于卧室，但蟹蓝以高级灰的形式，弱化了蓝色的属性，反而加强了中式的古意，使得本案的完成度更高。

| 米白色 | 木纹棕色 | 玄黑色 | 老绿色 |

空间色彩运用解析

大诺设计

背景色：米白色 + 浅灰色

主体色：木纹棕色 + 玄黑色

点缀色：老绿色 + 草黄色

米白色与浅灰色构成墙地的背景色，突出中性的温和基调，木纹棕构成墙面的轴对称节奏，玄黑色表现家具的边界，以地毯的零星黑色打破四平八稳的家具关系，在点缀色上大胆采用了国画中专门表现叶子暗部的老绿色辅以草黄色的组合来表达花鸟工笔画的意境。

| 棕色 | 浅木纹棕 | 浅海昌蓝 | 苍黄色 |

空间色彩运用解析

微塔设计

背景色：米白色

主体色：棕色 + 浅木纹棕　　　　　　　点缀色：薰衣草紫 + 浅海昌蓝 + 苍黄色

米白色亚麻质地是新中式风格的万金油背景，强大的包容性让它具备非常多的可能性，棕色亚麻与浅木纹棕的主体色保持暖色调的同时，表达了明度的中调对比，用薰衣草紫与浅海昌蓝作为主要的点缀色，以苍黄色抱枕作补色对比，令空间一下就生动了起来。

| 牙白色 | 深灰色 | 姜黄色 | 钻蓝色 |

空间色彩运用解析

天鼓设计

背景色：牙白色 + 烟灰色

主体色：深灰色 + 姜黄色　　　　　　　点缀色：钻蓝色

牙白色加烟灰色打造出典型的中式卧室基调，清透明亮，典雅悠扬，配以深灰色家具与姜黄色硬包，带出一丝古今结合的诗情画意，点缀色方面采用了传统中式常用的钻蓝色，提高了整体的色块对比度。

| 烟灰色 | 深棕色 | 香槟金 | 黛青色 |

空间色彩运用解析

硕瀚创研设计

背景色：烟灰色

主体色：深棕色　　　　　　　　　　　点缀色：香槟金 + 黛青色

采用烟灰色为背景的卧室，自然地流露出朴素的一面，深棕色木地板与家具的结合更是带来平稳的视觉感受。本案之亮点在于黛青色与香槟金的点缀，黛青色有深远之感，以黛青色作山水背景更有平远辽阔之美，香槟金的妙用与黛青色之间形成撞色对比，以低饱和度带来平和，以撞色对比带来节奏。

2.1 新古典风格配色要点

新古典风格将怀古的浪漫与现代人对生活的需求相结合，兼容典雅与现代，是一种多元化的软装风格。进行装饰时，还可以将欧式古典家具和中式古典家具摆放在一起，中西合璧，使东方的内敛与西方的浪漫融合，别有一番尊贵的感觉。

新古典风格在色彩的运用上打破了传统古典主义的厚重与沉闷，常用典雅的白色、清新的黄色、华贵的金色和独有韵味的暗红色。其中米黄色一直是新古典风格装修中常用的颜色，它有时是墙面、地板或瓷砖的颜色，有时也是家具或窗帘的颜色。暗红色则是家具和灯具的颜色。白色与金色也是新古典风格中很典型的色彩搭配，例如客厅中的墙面是白色，沙发的雕刻上通常会有金箔的点缀。

常见的新古典风格配色方案

2.2 新古典风格配色实战案例解析

| 绛紫色 | 奶油白 | 矢车菊蓝 | 金黄色 |

空间色彩运用解析

星翰设计

背景色：绛紫色
主体色：奶油白   点缀色：矢车菊蓝 + 金黄色

紫色的光波最短，在自然界中较少见到，所以被蒙上难以探测的神秘的面纱。在紫色的背景外嵌入利落的金属线条和金属色泽的画框，黄昏夕照般焦糖色泽的柔软布艺随意地铺在奶油白色的 Chesterfield Sofa 上，闪亮可爱的金黄色会使我们心醉，从而弱化了绛紫色带来的疏远感。星辉般纯净的矢车菊蓝色零星点缀其间，空间越发和谐生动。

| 浅烟白色 | 灰色 | 灰蓝色 | 香槟金 |

空间色彩运用解析

HWCD 设计

背景色：浅烟白色
主体色：灰色 + 黑色   点缀色：灰蓝色 + 香槟金

浅烟灰白的清雅是营造新古典风格的最佳选择，避开纯白色的冲击力，为软装提供足够的空间，在主体色的选择上采用灰色与黑色，打造出新古典的黑白灰基本色调属性，采用低饱和度的灰蓝色与香槟金点缀其间，并在装饰画上将这两个颜色同时点题，使空间丰满立体。

| 玄武石蓝 | 黑色 | 冰白色 | 奶油黄 |

空间色彩运用解析

筑洋设计

背景色：玄武石蓝
主体色：黑色 + 冰白色   点缀色：奶油黄

在潘通色卡中本案采用的深蓝色有一个特殊的名字：Graystone。介于蓝色与黑色之间的玄武石蓝，宛若星辰的光芒静谧流淌，稳重而理性。少量的近乎乳白蓝色的金属和冰白色大理石渲染得空间愈发宁静。正中间的圆桌打破空间平直的节奏感，而黑色的台面，正是餐桌色彩的不二选择，善于运用黑色的空间，能更让人感受到空间主人的理性与智慧。

| 奶油黄 | 白色 | 湖蓝色 | 棕色 |

空间色彩运用解析

星翰设计

背景色：奶油黄

主体色：白色　　　　　　　　　　　　　点缀色：湖蓝色＋棕色

摒弃了往日的浮夸，将骨子里难以掩盖的奢华淡淡地表现出来，通过香草糖霜一般细腻美好的皮革餐椅靠背上的一圈精致铆钉，优美的镂空曲线亦是曾经华丽的缩影。餐桌上嵌有一圈方形电镀金属装饰，窗帘的帷幔为棕色的传统符号，波浪般晕开的花型地垫，传统与现代和谐共生着，无不透露着高贵的俏皮。

| 咖啡棕 | 珍珠白 | 番茄红 | 金色 |

空间色彩运用解析

谢晖设计

背景色：咖啡棕

主体色：珍珠白　　　　　　　　　　　　点缀色：番茄红＋金色

新古典主义风格是怀古的、沉稳的，沿袭了古代希腊与罗马建筑的传统审美，典雅中蕴含安定、沉静、平和等意象，给人情绪稳定、容易相处的感觉。为了不让人感到老气或者缺乏活力，在平直厚重的棕色护墙空间中选用曲线曲面，追求动态变化的家具，用黑色烤漆面的桌子点缀香槟金弯腿，热情的番茄红色跳跃其间，稳重的空间也突然单纯活泼了起来。

海蓝色

钻蓝色

红棕

香槟金

空间色彩运用解析

绿城家居设计

背景色：海蓝色

主体色：钻蓝色＋米黄色　　　　　　　　点缀色：红棕色＋香槟金

用沉静且深邃的海蓝色作为卧室的主要基调，类似海浪的暗纹展示出平和而富有内涵的气韵，钻蓝色的木质线条让这片海有了边界，弱化了海蓝色的压抑感，古典的优雅与雍容呼之欲出，选用了两只色彩强烈的巴洛克式家具，红棕色糅合了蓝色基调，映射在天花板上，整个空间甚至呈现出朦胧的浪漫紫色调。

3.1 现代风格配色要点

现代风格最突出的特点就是多功能性、实用性，由于线条简单、装饰元素少，所以色彩要求更加出彩。现代风格的软装色彩搭配通常都对比强烈，或浓重艳丽，或黑白对比。黄色、橙色、白色、黑色、红色等高饱和度的色彩都是现代风格中较为常用的几种色调。另外有一些更为前卫的现代风设计，会使用大量钢化玻璃、不锈钢等新型材料，所以会为空间增加更多金属特有的色泽。

如果空间运用黑、灰等较暗沉的色系，那最好搭配白、红、黄等相对高纯度的色彩，而且一定要注意搭配比例，亮色只是作为点缀提亮整个居室空间，不易过多或过于张扬，否则将会适得其反。此外，现代风格空间中，花艺可采用浅绿色、红色、蓝色等清新明快的瓶装花卉，应尽量挑选一些造型简洁的高纯度饱和色的饰品。

常见的现代风格配色方案

4
C 0 M 0 Y 0 K 0
C 100 M 90 Y 10 K 0
C 43 M 100 Y 97 K 10
C 0 M 0 Y 100 K 0

5
C 42 M 92 Y 93 K 8
C 46 M 29 Y 19 K 0
C 91 M 83 Y 38 K 0
C 0 M 43 Y 87 K 0

1
C 11 M 61 Y 49 K 0
C 0 M 0 Y 100 K 0
C 37 M 57 Y 72 K 0
C 72 M 76 Y 80 K 40

6
C 32 M 21 Y 15 K 0
C 0 M 43 Y 87 K 20
C 27 M 24 Y 32 K 0
C 0 M 0 Y 0 K 100

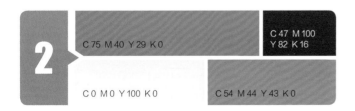

2
C 75 M 40 Y 29 K 0
C 47 M 100 Y 82 K 16
C 0 M 0 Y 100 K 0
C 54 M 44 Y 43 K 0

7
C 93 M 83 Y 52 K 20
C 51 M 89 Y 12 K 0
C 0 M 0 Y 0 K 100
C 2 M 41 Y 79 K 0

3
C 59 M 30 Y 38 K 0
C 20 M 37 Y 91 K 0
C 78 M 22 Y 41 K 0
C 33 M 100 Y 72 K 0

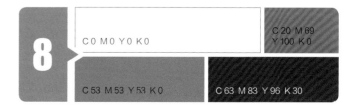

8
C 0 M 0 Y 0 K 0
C 20 M 69 Y 100 K 0
C 53 M 53 Y 53 K 0
C 63 M 83 Y 96 K 30

启
发

现代风格
配色灵感
的软装细节

3.2 现代风格配色实战案例解析

原木色	水蓝色	明黄色	白色

空间色彩运用解析

逸尚东方设计

背景色：原木色

主体色：水蓝色　　　　　　　　　　　　点缀色：明黄色 + 白色

明黄色给人以轻快、明亮、充满希望的心理暗示，黄色是最健康的阳光色。在洁净的蓝色沙发后用摩登的笔触晕染而成的装饰画是本案的神来之笔，搭配着其他的黄色单品。黄色与蓝色接近于 1：1，使得空间平稳和谐。

暗橄榄绿	砖红色	水蓝色	一品红

空间色彩运用解析

背景色：暗橄榄绿 + 砖红色

主体色：白色 + 薰衣草紫　　　　　　　点缀色：水蓝色 + 一品红

橄榄绿和砖红色实际为互补色，将它们以适当比例调和则会出现一种蓝紫色，同时降低它们的明度，又分别以不同材质体现，配合了背景墙面调和而出现的轻柔的薰衣草紫色，使这三种色彩稳定而中立。在橄榄绿墙上悬挂以一品红为基调的挂画，在砖红色的墙边摆上水蓝色的 REPOS 沙发椅，用白色 U 形沙发将一切串联，空间稳定而和谐。

银灰蓝	银白色	樱桃红	原木色

空间色彩运用解析

背景色：银灰蓝 + 银白色

主体色：樱桃红　　　　　　　　　　　　点缀色：原木色

浪漫的银灰蓝和银白色的基调，温暖的木质材料，如果房屋主人爱好搭配，浅色的基调提供了一个可以随意转换的前提，调整配饰，点缀流行色也会更加容易。樱桃红色的沙发年轻而富有生命力，让旁观者感受到空间创造时的创作热情和力量。

| 浅烟白色 | 黑色 | 金属色 | 孔雀蓝 |

空间色彩运用解析

乐尚设计

背景色：浅烟白色

主体色：浅烟白色＋黑色　　　　　　　　点缀色：金属色＋孔雀蓝

以对称出现的黑白桌腿很利落但又显得太过于规矩，如果只有这两种颜色空间则会显得单调，所以配一些金属单品会让空间稍显活泼一些，蘑菇形状的圆凳和墨色弥漫的现代装饰画，给予读者一个清新脱俗的室内呈现。

| 白色 | 光谱蓝 | 摩卡棕 | 金色 |

空间色彩运用解析

背景色：白色

主体色：光谱蓝　　　　　　　　　　　　点缀色：摩卡棕＋金色

纯白背景佐以光谱蓝弧形沙发最为纯净，光谱蓝色在不同角度泛出不同光泽的蓝色，变化丰富，又三三两两使用不同深浅蓝白相间的靠枕，犹如平静的大海和晴朗的天空和睦安宁。在其他单品选择上使用了纯粹的金色，使得空间熠熠生辉，光彩夺目。

| 深酒红色 | 雾黑色 | 雾霾蓝 | 哑金色 |

空间色彩运用解析

背景色：深酒红色

主体色：雾黑色＋白色　　　　　　　　　点缀色：雾霾蓝＋哑金色

醇厚丰富的红褐色调有着温暖的感觉，在一个色调偏暗，带一点点泥土色调的空间里用餐就像品味 Marsala 葡萄酒一般，成熟、内敛又浓醇，有着吸引人们亲近、拥抱的自然与质朴气息。一幅极大尺寸的大卫像装饰画用雾霾蓝处理，体现了设计师与房屋主人极高的艺术修养，在对面用简约的金属酒柜与之呼应，两盏哑金光泽的吊灯两两对应，让旁观者产生渐入佳境之感。

4.1 工业风格配色要点

工业风格最早起源于废旧工厂的改造，因为一些废旧的工厂被弃之不用，经过简单的改造，成为艺术家们创作兼居住的地方。后来这种颓废、冷酷又有点艺术性的风格就演变成了工业风格的装修。

黑白灰色系十分适合工业风，黑色神秘冷酷，白色优雅轻盈，灰色高贵典雅。三者混搭可以创造出更多层次的变化。同时，工业风格是一种非常具有艺术范的风格，在色彩上可以用到玛瑙红、复古绿、克莱因蓝以及明亮的黄色等作为辅助色来进行搭配。

工业风的主要元素都是无彩色系，略显冰冷。但这样的氛围对色彩的包容性极高，所以在软装配饰中可以大胆地用一些颜色，比如夸张的图案和油画，不仅可以中和黑白灰的冰冷感，还能营造一种温馨的视觉印象。

常见的工业风格配色方案

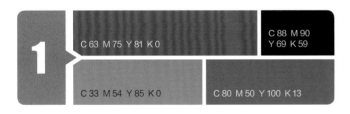

C 63 M 75 Y 81 K 0
C 88 M 90 Y 69 K 59
C 33 M 54 Y 85 K 0
C 80 M 50 Y 100 K 13

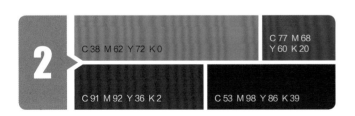

C 38 M 62 Y 72 K 0
C 77 M 68 Y 60 K 20
C 91 M 92 Y 36 K 2
C 53 M 98 Y 86 K 39

C 50 M 30 Y 100 K 0
C 42 M 78 Y 87 K 5
C 59 M 28 Y 39 K 0
C 75 M 58 Y 48 K 3

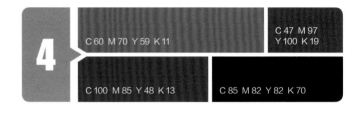

C 60 M 70 Y 59 K 11
C 47 M 97 Y 100 K 19
C 100 M 85 Y 48 K 13
C 85 M 82 Y 82 K 70

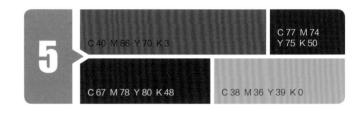

C 40 M 86 Y 70 K 3
C 77 M 74 Y 75 K 50
C 67 M 78 Y 80 K 48
C 38 M 36 Y 39 K 0

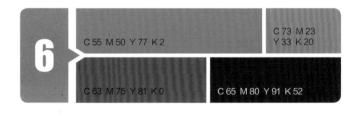

C 55 M 50 Y 77 K 2
C 73 M 23 Y 33 K 20
C 63 M 75 Y 81 K 0
C 65 M 80 Y 91 K 52

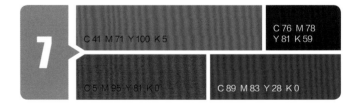

C 41 M 71 Y 100 K 5
C 76 M 78 Y 81 K 59
C 5 M 95 Y 81 K 0
C 89 M 83 Y 28 K 0

C 95 M 85 Y 58 K 32
C 22 M 88 Y 55 K 0
C 9 M 15 Y 82 K 0
C 54 M 43 Y 50 K 0

启
发

工业风格
配 色 灵 感
的 软 装 细 节

砖红色

橄榄绿

橙色

蓝色

空间色彩运用解析

背景色：砖红色

主体色：橄榄绿 + 橙色　　　　　　　　　　　　　　点缀色：蓝色

砖块和铁管作为工业风中不可或缺的装饰元素，在运用中往往会保留这两种材质的原始肌理与质感。艺术化处理后的野生动物的摄影作品和兽首标本，使空间充满了人情味。云雾一般飘渺的大型吊灯反射出柔和的光泽，玻璃元素的应用，将各种元素肌理通过一颗颗琐碎的水晶灯珠进行串联与重组，在形式上就更为柔和与有机。

砖红色　　　　浅棕色　　　　黑色　　　　橄榄绿

空间色彩运用解析

背景色：砖红色 + 浅棕色

主体色：白色 + 黑色　　　　　　　　　　　　　　点缀色：橄榄绿

大面积的红砖用斑驳的重色辅以浅棕色粗纹理地板，在主肌理上尽显复古风格下的粗犷，在主体橱柜门窗和灯具上采用了细腻的白色与黑色，大胆地形成材质肌理的对比，并使粗犷的视觉感得到抑制，橄榄绿 Eames 椅的点缀让复古的风格得到更好的诠释。

空间色彩运用解析

背景色：白色 + 复古灰

主体色：白色 + 原木棕　　　　　　　　　　　　　点缀色：红色 + 绿色

白色背景色与白色主体色的组合使得软装并不突兀，很好地协调了总色调，用复古灰花砖营造了大环境的符号风格，原木棕则与白色主体部分相配合，打造出复古的视觉感受。红色与绿色的点缀，巧用补色对比，加强空间层次。

复古灰　　　　原木棕　　　　绿色　　　　红色

| 水泥灰 | 姜黄色 | 湖蓝色 | 棕红色 |

空间色彩运用解析

背景色：水泥灰 + 白色
主体色：姜黄色   点缀色：湖蓝色 + 棕红色

在工业风的设计中，色彩明亮的颜色，可以使人产生心情愉悦的视觉感受，有较强的视觉冲击力，可以满足喜欢明亮清新色系的人群。既有老旧的复古风单品，也有具有当代艺术特色的艺术品，与材料间的新旧结合，呈现出现代又复古的工业情结。

| 浅木纹色 | 海军蓝 | 黑色 | 瓷绿色 |

空间色彩运用解析

背景色：白色 + 浅木纹色
主体色：海军蓝   点缀色：黑色 + 瓷绿色

白色与浅木纹色的组合非常适合打造清新的工业风格基调，海军蓝属于复古色调中非常有标志性的颜色，作为主体色十分出挑，以黑色金属搭配瓷绿作为点缀，使得空间层次丰富，引人注目。

| 水泥灰 | 烟白色 | 卡其色 | 黑色 |

空间色彩运用解析

背景色：水泥灰
主体色：烟白色 + 卡其色   点缀色：黑色

墙面留作质朴的清水混凝土，将混凝土表现为个人化的装饰物，采取粗犷粉刷制造出斑驳的效果，营造一种都市公寓老旧与现代碰撞的视觉效果。卡其色的哑光皮沙发，既能冲破暗淡，又有复古味儿。必不可少的金属物，不管是吊灯、壁灯，还是边几、管件，以及简洁的线条装饰都是工业风中必不可少的元素。

第5节 / 简约风格配色方案

 5.1 简约风格配色要点

　　现代简约风格在设计上强调功能性与灵活性，相较于传统风格，抛却了大量花纹繁复的硬装造型和精致雍容的软装配饰，透亮的空间，更重视几何造型的使用。

　　简约风格的色彩选择上比较广泛，只要遵循以清爽为原则，颜色和图案与居室本身以及居住者的情况相呼应即可。可能在很多人的心目当中，觉得只有白色才能代表简约，其实不然，原木色、黄色、绿色、灰色甚至黑色都完全可以运用到简约风格家居里去。其中，黑白灰色调在现代简约的设计风格中被作为主要色调广泛运用，让室内空间不会显得狭小，反而有一种鲜明且富有个性的感觉。此外，简约风格也可以使用苹果绿、深蓝、大红、纯黄等高纯度色彩，起到跳跃眼球的功效。

常见的简约风格配色方案

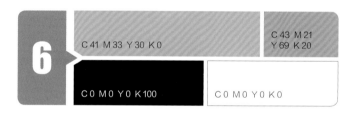

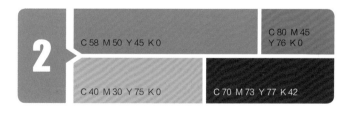

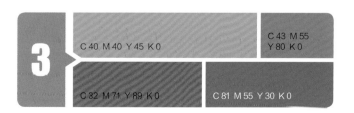

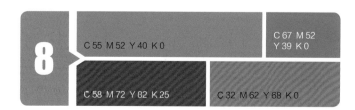

启
发
简 约 风 格
配 色 灵 感
的 软 装 细 节

5.2 简约风格配色实战案例解析

深褐色	米白色	原木色	棕红色

空间色彩运用解析

星翰设计

背景色: 深褐色

主体色: 米白色 + 原木色　　　　　　　　　点缀色: 棕红色

棕色系典雅中蕴含着安定、沉静，给人情绪稳定、容易相处的感觉，没有搭配好的话，会让人感到沉闷、单调。所以笔触像火焰一般跳跃的装饰画色彩明亮，增强了空间的张力。作为主要功能使用的沙发和茶几都采用柔和的色调，又能传递出一种理性有序的隐喻。

米灰色	白色	黑色	深棕色

空间色彩运用解析

晓安设计

背景色: 白色 + 米灰色

主体色: 黑色 + 白色　　　　　　　　　　点缀色: 深棕色

近乎没有多余装饰的白色的墙面和冷静的黑色餐桌椅赋予了该空间鲜明的个性特征，荷兰叉骨式镶木地板在黑与白的衬托下并不暗淡，反而与其他材料完美地融合并凸显出细节。

水泥灰	黑色	褐色	米黄色

空间色彩运用解析

背景色: 水泥灰 + 白色

主体色: 黑色 + 灰色　　　　　　　　　　点缀色: 褐色 + 米黄色

近乎纯粹的功能主义会给人带来不安感，建筑更不应该脱离自然与人类本身，所以在灰色墙面挖一个壁炉，用灯带照亮一块褐色墙面，用大落地玻璃将室外介入室内，都可以弱化空间的不安感，使用钢管、木材、玻璃制成经典家具的同时，更需要柔软的材料带来一些人情味。

草绿色	深黑色	橙色	浅蓝色

空间色彩运用解析

星翰设计

背景色：草绿色

主体色：白色 + 深黑色 　　　　　　　　点缀色：橙色 + 浅蓝色

家具陈设与背景之间的影调与色彩对比都非常强烈。挂画和单人位沙发都是蓝色，但是色调不一样，所以用橙色的事物来加深它们之间的联系。深黑色的物品体积不宜过重，所以用白色的三人位沙发来平衡比例关系。降低绿色的明度，反而给人一种安全和舒适的感觉。

烟灰蓝	胡桃木色	银色	奶油白

空间色彩运用解析

背景色：白色

主体色：烟灰蓝 + 胡桃木色 　　　　　　点缀色：银色 + 奶油白

白色的电视背景墙用暖黄色灯带加强了结构的同时也弱化了灰色水泥质感给人的冰冷感，胡桃木色配以烟灰蓝，使空间呈现出迷离的温暖气氛，餐桌边用大块的银镜增强结构，也在视错觉上延伸了空间的边界，为小户型的不二选择。

烟灰色

银白色

水蓝色

柠檬黄

空间色彩运用解析

集艾设计

背景色：烟灰色 + 白色

主体色：烟灰色 + 白色 + 黑色 　　　　　点缀色：银白色 + 水蓝色 + 柠檬黄

简约纯粹的室内空间提供给软装效果多样化的呈现，从光洁的旋转楼梯到放置了有年代感和唤起共同记忆的陈设物品，从透明展台上水蓝色雕塑到柠檬黄的扶手椅，再于空间正中摆一组金属银色茶几和雕塑，多种蒙太奇镜头的对列，不是相加之和，而是相乘之积。墙上的 Nomon clock 在无形中一遍遍传递出空间隽永的艺术氛围。

第6节 / 港式风格配色方案

 6.1 港式风格配色要点

港式风格家居设计是指中国香港的室内设计风格，也是一种古今包容并存、中西合璧的代表风格，大体可以分为现代港式、乡村港式、英伦港式和怀旧港式4种潮流，其中多以现代港式为主，体现在金属色和线条感营造出金碧辉煌的豪华感，色彩冷静、简洁而不失时尚。

港式风格不追求跳跃的色彩。黑白灰是其常用的颜色。同一套居室中没有对比色，基本是同一个色系，比如米黄色、浅咖啡色、卡其色、灰色系或白色等，凸显出港式家居的冷静与深沉。港式风格还有一个优点就在于大量使用金属色，却并不让人感觉沉重。

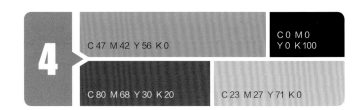

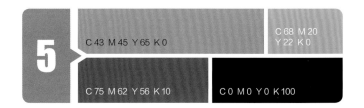

常见的港式风格配色方案

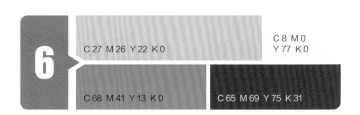

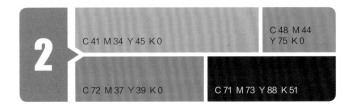

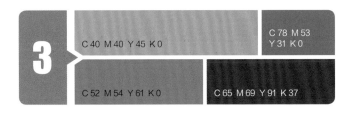

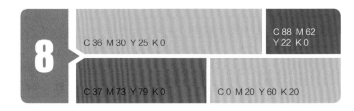

6.2 港式风格配色实战案例解析

条纹棕	卡其灰	皮纹黑	柠檬黄

空间色彩运用解析

奥迅设计

背景色：条纹棕 + 卡其灰

主体色：皮纹黑   点缀色：柠檬黄

本案将线条的语言与色彩关系进行了融合，木纹石的条纹棕与布朗灰大理石的卡其灰相互呼应，形成背景色的对比变化，并用横纹的视错觉原理，使空间看上去更高一些。皮纹黑的家具与硬包使得主体色在肌理上具备关联性，空间秩序随之建立。柠檬黄的软装点缀给空间增添了一份活泼与清新。

冷灰色	米白色	深棕色	金色

空间色彩运用解析

梁桓彬设计

背景色：冷灰色

主体色：米白色 + 深棕色   点缀色：金色 + 黑色

冷灰色作为卧室背景色，可以有效地避免传统风格中过于暖的烧灼感，调合出淡然的绅士气质。米白色家具与深棕色木饰面的主体色搭配，营造出现代摩登的成熟配色，采用黑色与金色的经典配色来作为点缀，更是雅奢的典范做法。

米灰色	棕色	靛蓝色	鹅黄色

空间色彩运用解析

极尚易和设计

背景色：白色 + 米灰色

主体色：棕色 + 暖灰色

点缀色：靛蓝色 + 鹅黄色

本案以白色与米灰色的背景色调打造出带有几何美感的环境框架，以棕色和暖灰色作为主体用色，令空间的大关系呈现出稳定的一面，点缀色上采用靛蓝色与鹅黄色的低饱和度补色对比，将时尚的雅奢气质传递出来。

| 烟灰色 | 香槟金灰 | 薰衣草紫 | 黑色 |

空间色彩运用解析

集艾设计

背景色：烟灰色

主体色：香槟金灰　　　　　　　　　　点缀色：薰衣草紫 + 黑色

传统的紫金搭配太过激烈，本案巧妙地加入足够的灰调，使用薰衣草紫搭配香槟金灰形成补色关系，平添一份优雅，克制而不平淡。烟灰色的背景色呈现一派平和，黑色点缀的软装又增加了灰度的对比，装饰画的选型不同于常规配色，而是介于背景色与点缀色之间，用灰度再一次表现克制之美。

| 玉质灰 | 浅木纹棕灰 | 金棕色 | 柠檬黄 |

空间色彩运用解析

洪德成设计

背景色：玉质灰 + 浅木纹棕灰

主体色：深灰色 + 米白色 + 金棕色　　　　　　点缀色：柠檬黄

本案以色彩明度进行搭配设计，整体基调通过孔雀蓝玉的暖灰色与木饰面的浅棕色来铺陈，并以此为中间调，在主体色的选择上，以高调的米白色，加上低调的金棕色与深灰色进行多方位的区分，拉开整体的对比关系，最后通过偏冷调的柠檬黄来提亮空间，以此达到中短调的配色效果。

| 镜面黑 | 米白色 | 金色 | 橙红色 |

空间色彩运用解析

洪德成设计

背景色：镜面黑

主体色：米白色　　　　　　　　　　点缀色：金色 + 橙红色

镜面黑的背景色利用反射原理赋予空间无限的边界，使得空间气质呈现出晶莹剔透的层次感，米白色的顶地配色加强了空间横向的变化。金色与橙红色的软装点缀在黑色的镜面氛围中分外跳跃，充满了活力。

7.1 北欧风格配色要点

北欧是一个相对寒冷的地区，日照时间相对较短，主要代表国家有挪威、丹麦、瑞典、芬兰及冰岛等。北欧空间给人的感觉干净明朗，绝无杂乱之感。

在家居色彩的选择上，北欧风格偏向浅色如白色、米色、浅木色等，而且经常会使用那些鲜艳的纯色，且面积较大。也可以运用黑白色为主，然后通过各种色调鲜艳的棉麻织品或装饰画来点燃空间，也是北欧风格搭配的原则之一。亮色的出现，有助于丰富室内表情，营造亲近氛围，拉近距离。黑白色在软装设计中属于"万能色"，可以在任何场合同其他色彩相搭配。但在北欧风格的软装方案设计中，黑白色常常作为主色调或主要的点缀色使用。当然了除了黑白灰以外，棕色和淡蓝色等颜色都是北欧风格装饰中常使用到的设计色彩。

常见的北欧风格配色方案

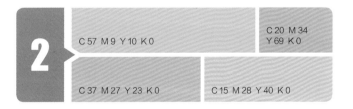

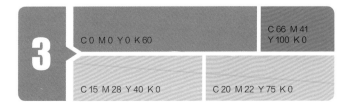

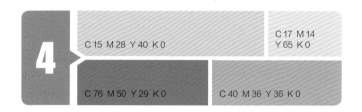

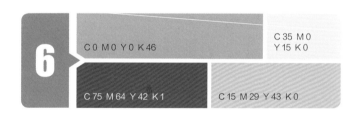

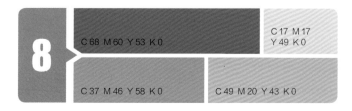

启
发

北欧风格
配色灵感
的 软 装 细 节

	花青色		
	正灰色		
	原木色		
	橙红色		

空间色彩运用解析

背景色：花青色 + 正灰色

主体色：浅灰色 + 原木色　　　　　　　　　　　点缀色：橙红色

花青色与正灰色的搭配在本案中呈现出微弱的冷色倾向，极大地突出了原木色家具的质感，浅灰色作为主体调和色，凸显了轻松柔软的家居气质，最终采用橙红色的点缀，一方面与背景色形成互补，另一方面加强了暖色的力度。

白色	原木色	岩石灰	鸭蛋青

空间色彩运用解析

背景色：白色

主体色：原木色 + 岩石灰　　　　　　　　　　　点缀色：鸭蛋青

本案在白色背景的处理上，大胆采用白色木地板，形成肌理丰富的背景色调。主体色采用原木色搭配岩石灰，帅气又不乏朴实，形成了极具男性气质的北欧氛围，鸭蛋青窗帘的点缀，令这份阳刚之气中多了一份温存，中和了空间的氛围。

白色	浅原木色	玄黑色	灰色

空间色彩运用解析

背景色：白色

主体色：浅原木色 + 玄黑色　　　　　　　　　　点缀色：灰色

白色墙面弱化了房屋结构的不规则感，为主体色突出的形体提供了足够的留白，黑色主体色与原木色的组合在白色背景下，拉出长调的对比，形成强烈的视觉冲击，长调对比对于住宅来说太过于激进，于是设计师采用了灰色的点缀色调和这样的戏剧性，使得空间色彩明度呈现出中长调的视觉感受。

| 浅木纹色 | 深灰 | 浅绿 | 草木黄色 |

空间色彩运用解析

背景色：白色

主体色：浅木纹色＋深灰色　　　　　点缀色：浅绿色＋淡蓝色＋草木黄色

白色是北欧风格中最受欢迎的颜色，本案的白色背景采用不用材质去表现，白砖墙与白色原木增加了白色背景的质地品种，使得空间不显单调，在主体色上浅木纹与深灰色令北欧色调得到平衡，点缀色品类偏多，但凸显出生活的多彩，不失趣味。

| 浅木纹色 | 原木棕色 | 草绿色 | 黑色 |

空间色彩运用解析

背景色：白色

主体色：浅木纹色＋原木棕　　　　　　　　　点缀色：草绿色＋黑色

白色作为主色调，在肌理较为统一的前提下，将柜体与固定家具设计成同色，可减少柜体与家具的厚重感，并在视觉上保持协调，主体色采用原木色系，加强北欧风格的轻松愉悦感，点缀色采用黑色与草绿，一方面与背景色形成长调对比，另一方面与原木色形成中调对比，形成舒适轻盈的节奏。

浅青色

烟灰色

松石绿

香槟黄

空间色彩运用解析

背景色：浅青色

主体色：烟灰色＋白色　　　　　　　　　点缀色：松石绿＋香槟黄

北欧风格的用色往往偏灰调一些，本案采用浅青色作为背景色，轻描淡写间点亮了空间的艺术性，白色与烟灰色家具作为主体色，辅以材质对比，形成舒适的观感，松石绿与香槟黄的软装点缀，与背景色形成中调对比，层次丰富而又不失平衡。

原木色

婴儿粉蓝

嫩姜黄

黑色

空间色彩运用解析

背景色：白色

主体色：原木色＋婴儿粉蓝　　　　　　　点缀色：嫩姜黄＋黑色

白色的出现如果覆盖墙地顶，就会出现极其纯粹的光影空间，在这样纯粹的空间里，主体色的选择尤为重要，本案采用了原木色与婴儿粉蓝的灰度补色搭配，令空间温和柔软，而嫩姜黄与黑色的点缀，形成长调对比，在明度上节奏强烈。

第8节 / 田园风格配色方案

8.1 田园风格配色要点

贴近自然的生活，这是生活在都市中的人所向往的，田园风格就是在这样的需求下应运而生。田园风格在色彩方面最主要的特征就是以暖色调为主，淡淡的橘黄、嫩粉、草绿、天蓝、浅紫色等一些清淡与水质感觉的色彩，能够让室内透出自然放松的气氛。

在室内软装布置时可选择浅木色的家具，局部配以淡绿色的饰品点缀，如相框、花瓶、装饰画等，可以突出田园主题；布置卧室时，可以选择带有碎花图案的墙纸。注意布置田园风格家饰时，一定要防止色彩过于接近。由于浅木色和绿色中都带有黄色的成分，所以容易造成没有色彩对比的感觉，空间层次不清，应尽量使用明度偏高的绿色，例如透亮的绿色玻璃。

常见的田园风格配色方案

启
发

田园风格
配色灵感
的软装细节

空间色彩运用解析

背景色：鹅黄色

主体色：原木色 + 白色　　　　　　　点缀色：玫瑰红 + 鹦鹉绿 + 黑色

鹅黄色背景具有非常明确的色彩倾向，在主体色上适宜采用中性色进行调和，原木色与白色便是上佳选择，点缀色的使用上，需在纯度上大幅超越背景色，故而选择了热情的玫瑰红与鹦鹉绿进行强烈的撞色对比，再用黑色加强点缀色对比的力度，形成了非常明快的具有异域风情的空间气氛。

草木绿	原木色	棕红色	黑色

空间色彩运用解析

背景色：草木绿

主体色：原木色　　　　　　　　　点缀色：棕红色 + 黑色

本案大胆采用明快的草木绿作为背景色，渲染出强烈的风格特征，原木色则以肌理感为先，加入主体色，整合出强烈的肌理对比，红棕色与黑色的点缀令空间关系有了撞色对比，时尚中带有田园风格的热情与悠闲。

米色	叶绿色	深棕色	马鞍棕

空间色彩运用解析

背景色：米色

主体色：叶绿色　　　　　　　　　点缀色：深棕色 + 马鞍棕

米色先天具备暖色属性，作为背景色最能体现卧室的温馨，叶绿色主体色集中体现在软装上，形成稳定的色调关系，深棕色与马鞍棕的组合，加强主体色的轮廓，也加强了背景色的属性，这种配色是值得学习的手法。

白色

鸭蛋青

亮绿色

浅珍珠红

空间色彩运用解析

背景色：白色

主体色：鸭蛋青 + 亮绿色　　　　　　　　点缀色：浅珍珠红

白色的背景色通过渗透的方式，融入家具中，更好的衬托了主体色的鲜亮，鸭蛋青与亮绿色明度非常接近，而冷暖分明，使得主体色的呈现上非常明快却并不单薄，浅珍珠红的点缀更是万绿丛中一点红的补色对比，非常吸引眼球。

香槟黄色

深棕色

法桐树皮绿色

做旧金色

空间色彩运用解析

背景色：香槟黄 + 深棕色

主体色：法桐树皮绿色 + 白色　　　　　　点缀色：做旧金色

香槟黄的墙面涂料与深棕色地板一同构建出明亮宜人的背景色，而法桐树皮绿色的主体色搭配白色家具与铁艺树枝，勾勒出浪漫的田园自然风情，令人神往，做旧金色的点缀更是平添一份贵气，打造出美好的浪漫田园风。

空间色彩运用解析

背景色：米色

主体色：草绿色　　　　　　　　　点缀色：深棕色

本案极为舒适的视觉感受源自于其层次分明而简洁的配色语言，米色作为背景色，不仅仅出现在墙面与窗框上，更在软装与家具上反复出现以渗透，草绿色作为主体色也渗透在几乎每一件软装上，仅以图案符号进行区分，深棕色的点缀在这样纯粹的对比关系中位置非常明确，极大的强化了绿色与棕色的黄金组合，传递出强烈的自然气质。

米色

草绿色

深棕色

第9节 / 美式风格配色方案

 9.1 美式风格配色要点

美式家居风格一向追求的是自然简约、舒适自由，所以自然、怀旧、散发着质朴气息的色彩成为首选。不同于欧式风格中的金色运用，美式乡村风格更倾向于使用木质本身的单色调。大量的木质元素使美式风格空间给人一种自由闲适的感觉。传统美式风格的色彩较为浓厚，像深褐色、深原木色，在其中点缀绿色最为常见。另外淡雅柔和的轻美式风格也逐渐被接受，在色彩搭配上多选用白色、浅绿色等，更为清新。

美式风格家具主要以深色为主，深咖啡、类棕色等，也有部分浅色美式风格家具。如果美式风格客厅墙面的颜色偏深，那么沙发可以选择枫木色、米白色、米黄色、浅色竖条纹等；如果墙面的颜色偏浅，沙发就可以选择稳重大气的深色系，比如棕色、咖啡色等。

常见的美式风格配色方案

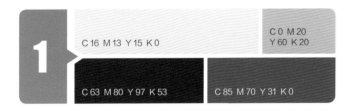

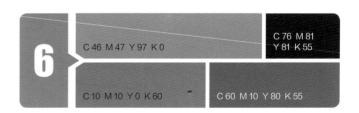

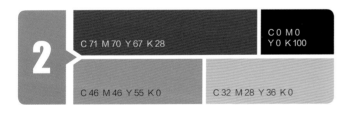

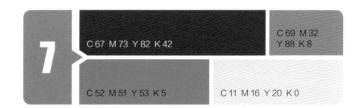

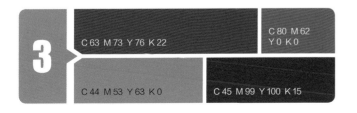

9.2 美式风格配色实战案例解析

米色
深棕色
太妃红
岩石灰

空间色彩运用解析

背景色：米色 + 原木色

主体色：深棕色 + 太妃红　　　　　　　　　　　　点缀色：岩石灰

米色与原木色最适宜体现乡村美式风格的粗犷与休闲，是背景色的最佳选择，厚重的深棕色皮革家具与太妃红色的布艺绒面家具彼此形成肌理对比，也加强了与背景色之间的节奏关系，点缀色方面采用岩石灰，调和了主色调偏暖的问题，也加强了乡村美式的风格倾向。

米白色　　深棕色　　松绿色　　雪青灰

空间色彩运用解析

背景色：米白色

主体色：深棕色 + 松绿色　　　　　　　　　　　　点缀色：雪青灰

米白色的墙面与门窗勾勒出淡然的轻美风格，清新宜人，深棕色地面与家具搭配松绿色花鸟壁纸，组合出风格化极强的关联搭配，在非常平衡的主体与背景搭配中，作者出其不意地使用了雪青灰色织物座椅进行点缀，跳脱出轻美风格的常用配色，清爽亮丽，独树一帜，耐人寻味。

米色　　深棕色　　暖灰色　　柏灰蓝

空间色彩运用解析

背景色：米色 + 深棕色

主体色：暖灰色　　　　　　　　　　　　　　　　点缀色：柏灰蓝

米色与深棕色的墙地关系，适合体现稳重温馨的美式环境，深棕色皮革与实木家具的出现，更将这份稳定体现得立体明确。暖灰色主体色以主家具的形式呈现，带来一份沉着与柔软，最为出挑的则是柏灰蓝色毛毯的点缀，为空间注入了一份阳刚之美。

米黄色

原木色

嫩草绿

鲜红

空间色彩运用解析

背景色：米白色
主体色：米黄色 + 原木色
点缀色：嫩草绿 + 鲜红色

米白色墙面与壁炉的组合令背景色调统
一而平和，米黄色与原木色的组合在顶
面与地面上呈现出强烈的风格化细节，
令人注目，而原木构件的出现，更是加
强了墙面的节奏，使得主题风格端庄温
馨，嫩草绿与鲜红色的点缀令这样一个
美式空间生机盎然，十分出彩。

米黄色

咖啡棕

嫩草绿

金色

空间色彩运用解析

背景色：白色
主体色：米黄色 + 咖啡棕
点缀色：嫩草绿 + 金色

白色墙体造型与地面共同组成了清新亮
丽的背景，米黄色涂料与地毯的组合配
上咖啡棕家具，在主体色上打造出强烈
的对比关系，点缀色通过金色与嫩草绿
的黄金组合，形成全方位的呼应关联，
达到叙事性的软装诉求。

空间色彩运用解析

背景色：白色 + 正灰色
主体色：原木色
点缀色：群青色

白色弱化了房屋结构的复杂性，形成纯粹的木构架视觉背景，正灰色地板搭配主要家具的白色，色彩协同，使得家具显得十分轻盈，原木色为主体色在空间中形成中调对比，令会客氛围轻松舒服，群青的现代装饰画则打破了过于安静的空间，带来一份活力与时尚。

白色	正灰色	原木色	群青色

空间色彩运用解析

背景色：米白色
主体色：深棕色 + 原木色
点缀色：朱红色 + 沙青色

米白色墙面涂料加墙裙的组合有着极高的统一性，与同色系的地毯共同组成背景色，定下轻美式的基调，原木色与深棕色的家具主体色在背景的对比下形成极强的对比，使得空间的大小关系非常明确，点缀色的面积则放得比较小，并且采用朱红色配沙青色的红蓝配，一方面体现美式风格中的符号诉求，另一方面调和过于偏暖的整体环境。

深棕色	原木色	朱红色	沙青色

10.1　简欧风格配色要点

简欧风格就是简化了的欧式古典风格，依然会保留欧式装修的一些元素，但更偏向简洁大方，并融入现代元素。与欧式古典风格相比，简欧风格空间摒弃了过于复杂的肌理和装饰，简化了设计线条。

相较于拥有浓厚欧洲气息的古典风格，简欧风格更为清新，也更符合中国人内敛的审美观念。简欧风格多以象牙白为主色调，以浅色为主，深色为辅。因为柔美浅色调的家具显得高贵优雅，所以简欧风格家居适合选用米黄色、白色的柔美花纹图案的暖色系家具。

常见的简欧风格配色方案

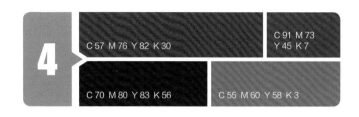

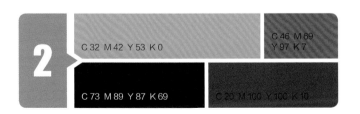

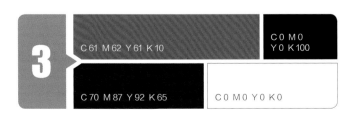

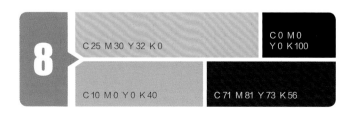

10.2 简欧风格配色实战案例解析

| 米灰色 | 镜面黑 | 姜黄色 | 金色 |

空间色彩运用解析

背景色：米灰色 + 米黄色

主体色：镜面黑　　　　　　　　　　　点缀色：姜黄色 + 金色

米灰色与米黄色的顶地关系成为空间的背景色，内敛而低调，黑色的镜面红酒柜以巨大的体量成为主体色，并在家具的选型上，采用与之呼应的黑色烤漆面，加强主体色的统一性。姜黄色地毯与金色金属件的点缀，在空间中营造出轻奢的简欧风情。

| 米黄色 |
| 浅木纹色 |
| 黄灰色 |
| 香槟金 |

空间色彩运用解析

背景色：米黄色

主体色：浅木纹色 + 黄灰色　　　　　　　　点缀色：香槟金

本案所用色彩在明度上变化很小，是典型的中调对比，首先在背景色上采用了米黄色作为墙面涂料与地面地毯的主要色彩，在几乎一样的色彩关系上通过肌理变化形成平衡和谐的视觉感受；主体色采用浅木纹色与黄灰色织物作为家具的用色，进一步弱化主体的视觉感受，在点缀色上采用亮面的香槟金，整个空间的塑造力度都在肌理上，而色调的选型极力克制，凸显出无可争议的优雅之美。

| 银色 |
| 浅钢蓝 |
| 薰衣草紫 |
| 香槟金 |

空间色彩运用解析

背景色：白色 + 银色

主体色：浅钢蓝　　　　　　　　　点缀色：薰衣草紫 + 香槟金

白色与银色的组合是简欧风格最具代表性的背景配色，其华贵清新的气质深受消费者喜爱，本案将此配色运用得十分娴熟，在主体色上采用浅钢蓝布艺体现出清新浪漫的气质。点缀色方面运用薰衣草紫与香槟金的补色关系来呈现，使得空间趣味十足。

米灰色

木纹棕色

群青色

正灰色

空间色彩运用解析

青草地设计

背景色：米灰色

主体色：木纹棕色

点缀色：群青色 + 黑色 + 正灰色

本案运用黑色点缀色强化墙面的几何造型感，令米灰背景色的轮廓非常明晰，地面的木纹棕采用拼花地板的样式，在几何造型上呼应墙面与顶面的造型元素，充实空间的节奏，正灰色软包与群青布艺在空间中点缀出优雅别致的节奏感，以形成难得的充满男性气质的简欧空间。

米黄色

棕色

香槟金

祖母绿

米白色

深灰棕

玫瑰紫

香槟金

空间色彩运用解析

背景色：米黄色

主体色：棕色 + 黑色　　　　　　　　点缀色：香槟金 + 祖母绿

米黄色的背景温馨浪漫，也为软装的呈现提供了足够的空间，主体采用棕色与黑色，并融入米黄色的元素，形成了与背景十分契合的家具选型，在点缀方面，香槟金大量出现在黑色家具的轮廓勾勒上，强化简欧的浪漫尊贵，最为出挑的祖母绿则是整个空间里不可或缺的一笔，为空间带来色彩上的极致对比。

空间色彩运用解析

背景色：米白色

主体色：深灰棕 + 玫瑰紫　　　　　　　　点缀色：香槟金

米白色的墙面造型与地面色彩最大化的提供了空间的明快观感，深灰棕色与玫瑰紫色的主体色在墙面顶面与家具方面给予空间丰富的长调对比，使得节奏对比上形成有趣的变化。香槟金色的点缀采用亮面的肌理将空间的亚光肌理印象打破，完成了色彩与质感的双重对比。

第11节 / 法式风格配色方案

 11.1 法式风格配色要点

　　法式风格空间弥漫着复古、自然主义的格调，最突出的特征是贵族气十足。其中法式宫廷风格的空间往往使用白色、淡粉色、薄荷绿色、紫罗兰色等淡雅且没有强烈对比的颜色；轻法式风格使用粉色系、香槟色、奶白色以及独特的灰蓝色等浅淡的主体色美丽细致，再搭配局部点睛的精致雕花以及时尚感十足的图案充满浓浓的女性特质；法式新古典风格通常以白色、亚金色、咖啡色等为主色。再用金色、紫色、蓝色、红色等夹杂在白色的基础中温和地跳动，一方面渲染出一种柔和高雅的气质，另一方面也可以突出各种摆设的精致性和装饰性；法式田园风格保留了法式宫廷的白色基调，简化雕饰，摒弃了奢华的金色，加入了富有田园雅趣的碎花图案，更显清新淡雅。

常见的法式风格配色方案

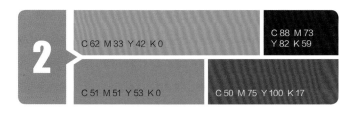

启
发

法式风格
配色灵感
的 软 装 细 节

11.2 法式风格配色实战案例解析

青灰色	木纹棕	钴蓝色	金色

空间色彩运用解析

星翰设计

背景色：白色 + 米灰色

主体色：青灰色 + 木纹棕　　　　　　　　　　点缀色：钴蓝色 + 金色

白色与米灰色的组合，不同于传统法式的华贵，可以呈现出淡然知性的法式风格，采用木纹棕的地板与青灰色的硬包进行冷暖对比来作为主体色，营造出强烈的居家氛围，在点缀色上，钴蓝色与金色的永恒组合则为这样一个不是很传统的法式空间留下了法式的精髓。

| 烟灰色 | 暖粉红 | 黑色 | 金色 |

| 亮金色 | 嫩草绿 | 蝶粉色 | 朱红色 |

空间色彩运用解析

背景色：白色 + 烟灰色
主体色：黑色 + 暖粉红   点缀色：金色

白色与烟灰色因为具备灰阶的关系，所以作为背景色来表现法式的时候，可以加强法式造型的雕塑感，主体家具的选型上采用黑色与暖粉红的组合，使得整体的明度对比展现出长调对比的特征，非常明快，突出了黑白搭配的时尚感。金色的点缀令这份时尚增加了一份精致与高贵，是非常典型的法式手法。

空间色彩运用解析

背景色：白色 + 亮金色
主体色：嫩草绿 + 蝶粉色   点缀色：朱红色

本案采用白色与亮金色的组合来呈现墙地顶的装饰语言，并通过对比弱化了白色雕刻部分的繁杂，形成典型的华丽的法式语言。主体色方面，嫩草绿与蝶粉色在饱和度上十分接近，明度上有所差异，组合在一起则形成了年代感极强的法式风情，通过朱红色的点缀，加强了复古的法式情怀。

| 白色 | 米灰色 | 藏青色 | 金色 |

空间色彩运用解析

星翰设计

背景色：白色
主体色：米灰色　　　　　　　　　点缀色：黑色 + 藏青色 + 金色

本案表现的法式风格非常低调，大面积的白色背景使得空间分外轻盈，米灰色的地面与家具的选型，让空间的对比度与反差比较平衡和谐，在点缀色上的发力使得空间呈现出立体感十足的节奏。黑色的家具、藏青色的布艺，这些都将明度的对比体现到极致，是典型的高长调对比。

| 亮蓝色 | 香槟金 | 复古金 | 深棕色 |

空间色彩运用解析

背景色：白色
主体色：亮蓝色 + 香槟金　　　　　点缀色：复古金 + 深棕色

本案大量采用白色以弱化法式线条的复杂感，在艾欧尼克柱式的部分又采用壁灯与大理石强化表现，以突出风格符号，主体色采用亮蓝色与香槟金进行补色对比来表现经典的法式配色，点缀色部分则提高了金色的纯度，采用复古金的元素表现了画框与柜体的金漆，突出展示家具的精致与细腻。

| 萨克斯蓝 | 亮金色 | 深棕色 | 白色 |

空间色彩运用解析

背景色：萨克斯蓝
主体色：亮金色 + 深棕色　　　　　点缀色：白色

萨克斯蓝低调而又浪漫的属性最能体现法式的精髓，本案大胆的采用萨克斯蓝作为背景色，不论是木作的造型，抑或是壁纸或者地毯，都表现出丰富的肌理对比，而亮金色与深棕色作为主体色，起到明确轮廓的作用，令视觉感受更加立体，最为巧妙的地方在于点缀色，采用白色大理石的壁炉为整个空间画出最为亮丽的一笔。

12.1　东南亚风格配色要点

东南亚风格的特点是色泽鲜艳、崇尚手工，自然温馨中不失热情华丽，通过细节和软装来演绎原始自然的热带风情。在色彩方面有两种取向：一种是融合了中式风格的设计，以深色系为主，例如深棕色、黑色等，令人感觉沉稳大气；另一种则受到西式设计风格影响，以浅色系较为常见，如珍珠色、奶白色等，给人轻柔的感觉。

在东南亚风格的软装设计中，最抢眼的要数绚丽的泰丝。由于地处热带，气候闷热潮湿，为了避免空间的沉闷压抑，在装饰上用夸张艳丽的色彩冲破视觉的沉闷。而这些斑斓的色彩全部来自五彩缤纷的大自然，在色彩上回归自然便是东南亚风格最大的特色。

常见的东南亚风格配色方案

4　C 45 M 92 Y 99 K 12　C 43 M 50 Y 90 K 9　C 85 M 68 Y 88 K 42　C 21 M 29 Y 36 K 0

5　C 65 M 83 Y 91 K 52　C 41 M 46 Y 51 K 0　C 32 M 97 Y 100 K 0　C 62 M 62 Y 56 K 6

1　C 73 M 78 Y 81 K 57　C 49 M 73 Y 70 K 9　C 58 M 27 Y 37 K 0　C 88 M 80 Y 43 K 25

6　C 82 M 83 Y 85 K 72　C 33 M 33 Y 59 K 0　C 72 M 75 Y 75 K 42　C 52 M 85 Y 88 K 26

2　C 27 M 40 Y 68 K 0　C 53 M 46 Y 70 K 0　C 60 M 32 Y 27 K 0　C 30 M 45 Y 38 K 0

7　C 79 M 83 Y 75 K 61　C 49 M 89 Y 85 K 12　C 51 M 62 Y 75 K 6　C 48 M 42 Y 39 K 0

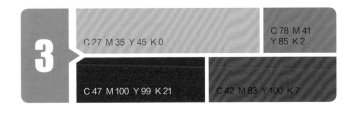

3　C 27 M 35 Y 45 K 0　C 78 M 41 Y 85 K 2　C 47 M 100 Y 99 K 21　C 42 M 83 Y 100 K 7

8　C 61 M 73 Y 99 K 36　C 47 M 76 Y 67 K 6　C 49 M 56 Y 67 K 0　C 70 M 68 Y 96 K 43

启
发

东南亚风格
配 色 灵 感
的 软 装 细 节

| 白色 | 藤褐色 | 米黄色 | 锡兰橙 |

| 深棕色 | 钴蓝色 | 森林绿 | 釉红色 |

空间色彩运用解析

背景色：白色

主体色：藤褐色　　　　　　　　　　点缀色：米黄色＋锡兰橙

莲花作为东南亚的重要元素以造型灯带和木格栅的形式出现在墙面上，线条柔美，结合方正层叠、线条遒劲的顶部造型，配以金色的灯光，恍若有了一种庄严之感。藤褐色的家具线条富有节奏感，有条不紊地与室内材质融为一体。布艺的选择略微跳出严肃之感，以锡兰橙为点缀，体现了现代生活富有朝气的生活气息。

空间色彩运用解析

背景色：米灰色

主体色：深棕色＋钴蓝色　　　　　　点缀色：森林绿＋釉红色＋草黄

米灰色墙面的处理提供了明亮温和的空间基础，有利于风格化符号的表现，深棕色木格栅以大块面的方式镶嵌其中，加强了空间的立面节奏，在家具的选型上，呼应背景色与主体色的关系，令家具与空间的融合度极高，点缀色方面本案用法比较高级，森林绿、釉红色、草黄色暗合热带的繁花，以低饱和度高灰度方式呈现，钴蓝色墙饰以集中原则出现在墙面，饱和度随之提高，表现出丰富的层次关系。

亚麻白

巧克力色

枯绿色

香槟金

驼棕色

深棕色

豆绿色

柠檬黄

空间色彩运用解析

背景色：亚麻白

主体色：巧克力色　　　　　　　　点缀色：枯绿色+香槟金

繁复的充满祥瑞图案的巧克力色壁布与绿色的单品充满了浓郁的热带雨林风味，结合了充斥着大自然气息的竹编吊顶，蒲扇叶形的风扇灯，带有原木元素和棉麻材质的床品，用亚麻白的纱幔围和了一个宁静的睡眠空间，身体放松的同时心灵也回归了自然。

空间色彩运用解析

背景色：驼棕色+米白色

主体色：深棕色+豆绿色　　　　　　　点缀色：柠檬黄

驼棕色接近柚木本色，最能体现东南亚风格的悠闲舒适，米白色能中和驼棕色的酱气，平衡空间感，深棕色与豆绿色的融合，以图案的形式呈现宛如热带海风的清新气质，以柠檬黄点缀其间，加强亮部的细节，使得构图更加完整。

空间色彩运用解析

背景色：深棕色

主体色：米白色+枣红色

点缀色：锡兰橙+淡茶色

同一种颜色不同明度的运用，在傍晚光线不足时显得较为灰暗模糊，本案采用将全部吊顶用暖光打亮的手法，使上部空间呈现出金黄色的暖意。在软装上，曲线柔美的米白色吊灯，床幔上的几何图案以及淡茶色的枕头和锡兰橙色的花瓶，与整个空间融合。

深棕色

枣红色

锡兰橙

淡茶色

13.1 地中海风格配色要点

地中海风格是起源于地中海沿岸的一种家居风格，是海洋风格装修的典型代表，因富有浓郁的地中海人文风情和地域特征而得名，具有自由奔放、色彩多样的特点。地中海风格的最大魅力来自其高饱和度的自然色彩组合，但是由于地中海地区国家众多，呈现出很多种特色。

西班牙、希腊以蓝色与白色为主，这也是地中海风格最典型的搭配方案，两种颜色都透着清新自然的气息。南意大利以金黄向日葵花色为主；法国南部以薰衣草的蓝紫色为主，具有自然的美感；北非特有岩石与沙漠等自然景观的红褐、土黄的浓厚色彩组合，都是取材于大自然的明亮色彩。

常见的地中海风格配色方案

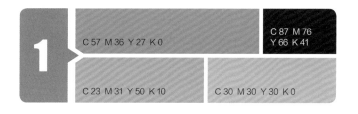

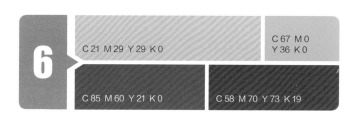

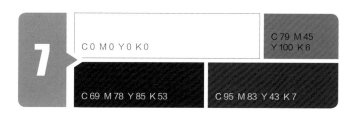

13.2 地中海风格配色实战案例解析

原木棕	黑色	卡其灰	鸠灰色

空间色彩运用解析

背景色：白色 + 原木棕

主体色：黑色 + 卡其灰　　　　　　　点缀色：鸠灰色

白色与原木棕的组合用以搭配地中海风格的背景色，相对而言比较平稳，适合较为年长的使用者，在主体色方面，黑色与卡其灰的组合能够体现足够明确的对比关系，适合表现有几何造型的家具，最后呼应地中海风格的鸠灰色点缀，也用非常低的饱和度融入空间之中，呈现出非常温和的视觉感受。

空间色彩运用解析

背景色：亚麻白

主体色：浅花青 + 灰丁宁蓝 + 浅瓷蓝　　点缀色：浅棕色

亚麻白的温和质地作为背景色可以呈现给消费者非常喜爱的明快舒适感，在主体色的选择上，多种灰度与饱和度的浅花青、灰丁宁蓝、浅瓷蓝的相近色组合，表现出地中海风格所特有的丰富的蓝色的层次，用浅棕色的家具点缀其间，加强空间所要表达的悠闲安逸之感，整体色调处理得非常成熟。

浅海昌蓝	海绿色	柿子红	金色

空间色彩运用解析

背景色：白色

主体色：浅海昌蓝 + 海绿色　　　　点缀色：柿子红 + 金色

墙地和窗套的白色，极致地表现地中海风格的特征，纯粹而有细节，浅海昌蓝与海绿色的相近色对比丰富了主体配色的层次，在点缀色方面根据补色对比原理采用柿子红，并通过轻盈的吊灯与柔软的毯子来表达其家居的氛围，点睛之笔在于金色的螃蟹摆件，生动而自然，具象小物的表现力可见一斑。

浅花青

灰丁宁蓝

浅瓷蓝

浅棕色

| 大赤金 | 卡其色 | 深棕色 | 琥珀色 |

空间色彩运用解析

背景色：大赤金 + 卡其色

主体色：深棕色 + 白色　　　　　　　　　　　　点缀色：琥珀色

本案几乎是单色系的中长调对比，在地中海风格中较为少见，大赤金与卡其色的背景定调非常彻底，墙顶同色的处理也十分讨巧，深棕色家具与白色的搭配在主题层次上拉开了与中调背景的对比，形成强烈的视觉感，琥珀色的软装点缀精致而古朴，非常耐人寻味。

浅棕色

浅海昌蓝

瓷蓝色

松石绿

空间色彩运用解析

背景色：浅棕色 + 浅海昌蓝

主体色：瓷蓝色 + 松石绿　　　　　　　　　　　点缀色：白色

浅棕色与浅海昌蓝的组合铺垫出悠闲的地中海风情，并在主体色的选型上与背景色组合之间形成相近对比，在瓷蓝色与松石绿之间相互渗透穿插，使得视觉层次立体而又丰富，再用白色进行点缀，表现出别具一格的地中海风格。

| 薄荷奶油色 | 浅粉蓝 | 原木棕 | 金色 |

空间色彩运用解析

背景色：米白色 + 薄荷奶油色

主体色：浅粉蓝 + 原木棕　　　　　　　　　　　点缀色：金色

本案的背景色调非常有特点，采用米白色与薄荷奶油色的组合，呈现出非常平和清新的地中海韵味，在主体色的选择上，浅粉蓝与原木棕这两个非常具有地中海地区色调特征的颜色作为家具的基调，通过不同的肌理对比，丰富了空间的主体层次，金色的点缀提亮空间明度，也形成了补色对比。

第14节 / 欧式古典风格配色方案

 14.1 欧式古典风格配色要点

欧式古典风格软装最大的特点是在造型上极其讲究，给人的感觉端庄典雅、高贵华丽，具有浓厚的文化气息。在家具选配上，一般采用宽大精美的家具，配以精致的雕刻镶嵌，整体营造出一种高贵与温馨的感觉。壁炉作为空间视觉中心，是这种风格最明显的特征，给人以开放、宽容的非凡气度，因此常被广泛应用。

在色彩上，欧式古典风格经常以白色系或黄色系为基础，搭配墨绿色、红棕色、靛蓝色、金色等，表现出古典欧式风格的华丽气质。而材质上，一般采用高档实木、丝绒面料、水晶、铜等表现出高贵典雅的贵族气质。

常见的欧式古典风格配色方案

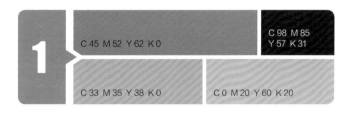

| 小麦色 | 桃色 | 海贝色 | 金色 |

空间色彩运用解析

背景色：小麦色 + 原木棕
主体色：杏仁白 + 桃色 + 海贝色
点缀色：金色

本案采用的相近色高级灰配色几乎就是莫兰迪色调的诠释，小麦色与原木棕的背景色处理得仿佛静物油画，杏仁白与海贝色的组合，加上桃色木家具的雕刻，呈现出温润柔和的视觉感受，最后用金色稍加点缀，一幅欧式古典风格的静物画油然而生，艺术气质十足。

| 织锦灰 | 金色 | 孔雀蓝 | 玫瑰红 |

空间色彩运用解析

背景色：织锦灰 + 米白色
主体色：金色 + 原木棕
点缀色：孔雀蓝 + 玫瑰红

织锦灰的优雅气质最能体现欧式古典的精密雕刻，米白色的提亮作用让空间背景不至于沉闷，金色的主体色搭配原木棕，将欧式古典的华丽繁复表现得淋漓尽致，孔雀蓝与玫瑰红的点缀则为这份古典增添了一份浪漫。

| 原木棕 | 蟹青色 | 印度红 | 金色 |

空间色彩运用解析

背景色：白色 + 原木棕

主体色：蟹青色 + 印度红　　　　　　　　　　　　　　　　　点缀色：金色

白色与原木棕的组合是传统欧式风格的经典组合，原木棕的木纹肌理
也可以弱化一些欧式雕刻造型，在主体色的选择上，蟹青色大理石与
家具呈现出不同的质地之间的对比关系，也打破了木作空间固有的色
调，印度红的布艺软装更是提亮了中部的色调。金色金属的点缀为整
个空间增加了金属光泽的贵气。

| 云灰色 | 米白色 | 原木棕 | 金色 |

空间色彩运用解析

背景色：云灰色 + 米白色

主体色：深棕色 + 原木棕　　　　　　　　　　　点缀色：金色

云灰色混油木作在比例恰当的前提下，能很好地体现欧式的美学逻辑，色彩组合上，云灰色渗透至顶面，与墙面的米白色之间形成相对平衡的配比，深棕色和原木棕的家具与地板共同促成了主体的稳定，金色的点缀主要用于雕刻构件与吊灯，进一步增加了亮度，也强调了欧式美学逻辑的精致。

| 杏黄色 |
| 棕色 |
| 印度红 |
| 金色 |

空间色彩运用解析

背景色：杏黄色

主体色：棕色 + 白色　　　　　　　　　　　点缀色：印度红 + 金色

本案明快气质源自娴熟的色彩对比，首先采用棕色原木家具与白色木作拉开明度对比，并形成暖色调的倾向，而且大胆采用杏黄色作为背景色，充实了木作之外的墙顶面，加大了暖色调的比重，在点缀色上大胆采用印度红与金色的软装，将浓烈的异域风情代入进来。

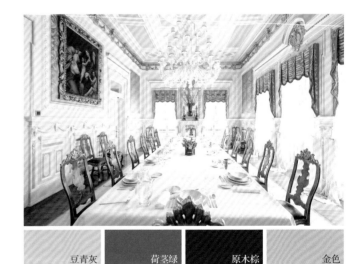

| 豆青灰 | 荷茎绿 | 原木棕 | 金色 |

空间色彩运用解析

背景色：白色 + 豆青灰

主体色：荷茎绿 + 原木棕　　　　　　　　　　　点缀色：金色

白色造型线条与豆青灰木作的组合，形成了结构明确、轮廓清晰的欧式古典背景，荷茎绿与原木棕的主体色配比将背景的结构在明度与饱和度上都区分开来，形成极强的对比，金色的雕刻件点缀为这份古典之美画龙点睛。

15.1　中式古典风格配色要点

中式古典风格更注重色彩组合给人的细腻感受，强调色彩的秩序感和层次性，常以黑、青、红、紫、金、蓝等明度高的色彩为主，其中寓意吉祥、雍容优雅的红色更具有代表性。中式古典风格的饰品色彩可采用有代表性的中国红和中国蓝，居室内不宜用较多色彩装饰，以免打破优雅的居家生活情调。中式古典风格的整体色调较深，与之搭配的布艺通常选择深咖啡色、暗红色、深蓝色等颜色，或者白色、米色等与之呈对比的色彩。中式空间的绿色尽量以植物代替，如吊兰、大型盆栽等。

中式古典风格中的图案大都来源于大自然中的花、鸟、虫、鱼等。例如花卉中的牡丹象征富贵，梅花象征坚强，茉莉象征纯洁。另外一些由点、线、面构成的纹样也可以用于家具和饰品中。

在色彩上，中式古典风格经常以白色系或黄色系为基础，搭配墨绿色、红棕色、靛蓝色、金色等，表现出古典中式风格的华丽气质。而材质上，一般采用高档实木、丝绒面料、水晶、铜等表现出高贵典雅的贵族气质。

常见的中式古典风格配色方案

1

- C 66 M 72 Y 76 K 32
- C 79 M 45 Y 100 K 6
- C 18 M 15 Y 18 K 0
- C 75 M 73 Y 79 K 50

2

- C 56 M 66 Y 85 K 27
- C 75 M 33 Y 51 K 0
- C 0 M 0 Y 0 K 100
- C 22 M 8 Y 76 K 0

3

- C 70 M 70 Y 70 K 67
- C 49 M 88 Y 79 K 18
- C 21 M 25 Y 27 K 0
- C 9 M 20 Y 80 K 0

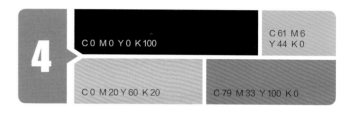

4

- C 0 M 0 Y 0 K 100
- C 61 M 6 Y 44 K 0
- C 0 M 20 Y 60 K 20
- C 79 M 33 Y 100 K 0

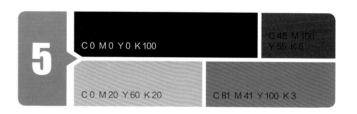

5

- C 0 M 0 Y 0 K 100
- C 48 M 100 Y 55 K 5
- C 0 M 20 Y 60 K 20
- C 81 M 41 Y 100 K 3

6

- C 28 M 30 Y 28 K 0
- C 0 M 0 Y 0 K 100
- C 60 M 19 Y 38 K 0
- C 56 M 77 Y 81 K 46

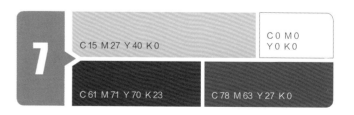

7

- C 15 M 27 Y 40 K 0
- C 0 M 0 Y 0 K 0
- C 61 M 71 Y 70 K 23
- C 78 M 63 Y 27 K 0

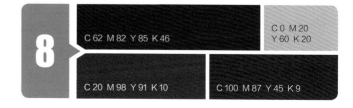

8

- C 62 M 82 Y 85 K 46
- C 0 M 20 Y 60 K 20
- C 20 M 98 Y 91 K 10
- C 100 M 87 Y 45 K 9

15.2 中式古典风格配色实战案例解析

| 米灰色 | 深棕色 | 藏青色 | 砂金色 |

空间色彩运用解析

背景色：米白色 + 米灰色

主体色：深棕色   点缀色：砂金色 + 藏青色

米灰色大理石地面肌理粗犷丰富，适宜与肌理细腻的米白色墙面形成对比，深棕色家具的主体表现，最能在浅调的背景色下表达线条之美，砂金色与藏青色都是低饱和度的色彩，作为中式点缀最能体现中式谦逊内敛的优雅风度。

| 米白色 | 木纹棕 | 玄黑色 |

空间色彩运用解析

背景色：米白色

主体色：木纹棕   点缀色：玄黑色

米白色背景色使得基调的稳定性非常好，墙面与地面的材质呼应关系也十分平和，木纹棕的木作主体提供了极强的仪式感，原木的材质也很好地表达了江南的温润。点缀色采用黑色大理石与黑色铁艺灯具，以体量的对比形成鲜亮的节奏感，而且也保持了总体基调的平稳，设计得比较成熟。

石板色	原木棕	亚麻黄	赭石色

芽灰色	深棕色	沙青色	藏青色

空间色彩运用解析

清大环艺

背景色：白色 + 石板色

主体色：原木棕 + 亚麻黄　　　　　　　　点缀色：草绿色 + 赭石色

青砖白墙，是江南不变的回忆，将这份韵味带入当下，是传统中式风格常用的手法，原木棕色的明式家具与格栅突出线条感，使得空间层次丰富，节奏明朗，亚麻黄软包与布艺丰富了主体色的层次感，通过传统绘画的用色点缀，将草绿色与赭石色以图案形式呈现，趣味悠扬。

空间色彩运用解析

背景色：白色 + 芽灰色

主体色：深棕色　　　　　　　　　　　　点缀色：沙青色 + 藏青色

白色与芽灰色共同组成了朴素清雅的中式基调，为中式留白做了准备，深棕色与白色之间对比强烈，反差明显，能够很好地体现传统家具的线条美感，点缀方面采用了中国传统文化中非常经典的青色，分别以沙青色与藏青色进行明度对比，形成了古朴幽雅的中式美学语言。

石板色
亚麻黄
砂金色
品蓝色

空间色彩运用解析

清大环艺

背景色：米白色 + 石板色

主体色：深棕色 + 亚麻黄　　　　　　　点缀色：黑色 + 砂金色 + 品蓝色

米白色与石板色往往可以体现出青砖白墙的江南韵味，深棕色与亚麻黄的主体色调宛若江南民居的古朴家私，搭配在其中让人留恋，黑色与砂金色的家具配色显得十分时尚，却又有传统漆器的配色关系，起到提神的作用，品蓝色布艺的点缀则增加了一份诗情画意，让人回味无穷。

第 6 章

软装设计元素的色彩搭配

软装家具色彩搭配

室内空间中颜色面积大的除了墙面、地面、顶面之外，就是家具，整体配色效果主要是由这些大色面组合在一起形成的，若单一地考虑哪个颜色往往达不到和谐统一的整体配色效果。

 ## 1.1 家具配色重点

1. 由家具延伸整体配色

墙面颜色的选择范围相对于家具而言自由度更大，所以在进行空间的整体配色方案时，可以先确定需要购买哪些家具，由此开始考虑墙面、地面的颜色，甚至包括窗帘、灯饰、摆件和挂件的颜色。例如通常沙发是客厅中最大件的家具，而一个空间的配色通常从主体色开始进行，所以可以先确定沙发色彩，为空间定位风格后，再挑选墙面、灯饰、窗帘、地毯以及抱枕的颜色来与沙发搭配，这样的方式可使主体突出，不易产生混乱感，操作起来比较简单。

当然，先确定家具并不一定在装修前就要下单购买。可以先多逛一下家具卖场或者上网查询，对居住者喜欢的家具进行全面的了解，整理出色彩的特点以后，就可以在这个基础上进行全盘的配色规划。在室内施工时，根据拟定的配色方案进行墙、地面的装饰，一定能与最终搬进来的家具形成完美的色彩搭配。如果事先不考虑家中所需要的家具，而是一味孤立地考虑室内硬装的色彩，在软装布置时就有可能很难找到颜色匹配的家具。

主体：沙发
▼

墙面
▼
灯饰
▼
窗帘
▼
地毯
▼
抱枕

△ 以家具为主延伸出整个空间的配色方案

2. 精装修房的家具色彩搭配

如果购买了精装修房，室内空间的硬装色彩已经确定，那么家具的颜色可以依墙面和地面的颜色进行搭配。例如将房间中大件的家具颜色靠近墙面或者地面，这样就保证了整体空间的谐调。小件的家具可以采用与背景色对比的色彩，从而制造出一些变化。既可增加整个空间的活力，又不会破坏色彩的整体感。

另一种方案是将主色调与次色调分离出来。主色调是指在房间中第一眼会注意到的颜色。大件家具按照主色调来选择，尽量避免家具颜色与主色调差异过大。在布艺部分，可以选择次色调的家具进行协调，这样显得空间更有层次感，主次分明。

还有一种方案是将房间中的家具分成两组，一组家具的色彩与地面靠近，另一组则与墙面靠近，这样的配色很容易达到和谐的效果。如果感觉有些单调，那就通过一些花艺、抱枕、摆件、壁饰等软装元素的鲜艳色彩进行点缀。

△ 客厅沙发与地面的色彩相近、茶几与墙面的色彩相近，这样的配色很容易达到和谐的效果

△ 粉色为空间的主色调，根据同类色搭配原则选择的沙发色彩与空间完美融合

3. 家具材质与色彩的关系

同种颜色的同一种家具材质，选择表面光滑与粗糙的进行组合，就能够形成不同明度的差异，能够在小范围内制造出层次感。玻璃、金属等给人冰冷感的材质被称为冷质家具材料，布艺、皮革等具有柔软感的材质被称为暖质家具材料。木质、藤等介于冷暖之间，被称为中性家具材料。暖色调的冷质家具材料，暖色的温暖感有所减弱；冷色的暖质家具材料，冷色的感觉也会减弱。

不同家具材质的色彩在搭配时应遵循一定的规律。例如藤质家具由自然材质制成，多以深褐色、咖啡色和米色等为主，属于比较容易搭配的颜色。如果不是购买整套家具，则需要与家具空间的颜色相搭配。深色空间应选择深褐色或咖啡色的藤艺家具；浅色的藤艺家具比较适合用在浅色家居空间。

△ 冷质家具材料

△ 暖质家具材料

△ 小件家具与背景色形成对比，更好地活跃空间的氛围

△ 中性家具材料

△ 藤质家具的色彩应与周围环境的色彩相协调,深色空间应选择深褐色或咖啡色的藤艺家具;浅色的藤艺家具比较适合用在浅色家居空间

1.2 家具色彩的主次之分

1. 家具的主次关系

主体色家具主要是指在室内形成中等面积色块的大型家具,具有重要地位,通常形成空间中的视觉中心。不同空间的主体有所不同,因此主体色也不是绝对性的。例如,客厅中的主体色家具通常是沙发,餐厅中的主体色家具可以是餐桌也可以是餐椅,而卧室中的主体色家具一定是床。

一套家具通常不止一种颜色,除了具有视觉中心作用的主体色之外,还有一类作为配角的衬托色,通常安排在主体色家具的旁边或相关位置上,如客厅的单人沙发、茶几,卧室的床头柜、床榻等。

点缀色家具通常用来打破单调的整体效果,所以如果选择与主体色家具或衬托色家具过于接近的色彩,就起不到点睛的作用。为了营造出活力的空间氛围,点缀色家具最好选择高纯度的鲜艳色彩。室内空间中,点缀色家具多为单人椅、坐凳或小型柜子等。

△ 主体色家具

△ 衬托色家具

△ 点缀色家具

主体色家具

C 86
M 71
Y 49
K 9

衬托色家具

C 73
M 69
Y 63
K 25

点缀色家具

C 13
M 25
Y 85
K 0

2. 凸显主体家具的方法

一个空间中的主体家具往往需要被恰当地凸显，在视觉上才能形成焦点。如果主体色家具的存在感很弱，整体会缺乏稳定感。首先可以考虑运用高纯度色彩的主体家具，鲜艳的主体家具可以让整体更加安定；其次可用增加主体家具与周围环境色彩明度差的办法，通常明度差越小，主体家具存在感越弱；如果明度差增大，主体家具就会被凸显。还有一种方法是当主体家具的色彩比较淡雅时，可通过点缀色给主体家具增添光彩。

△ 白色主体家具显得比较淡雅，通过高纯度色彩的床品进行点缀，从而凸显主体作用

△ 增加主体家具与周围环境的明度差

△ 运用高纯度的色彩凸显主体家具

 ## 1.3 家具单品色彩搭配

不同的家具单品在空间中起到各自相应的作用，在搭配时应遵循一定的配色规律，才能打造出理想的空间氛围。例如运用相似色搭配家具可以营造出协调统一的气氛，运用对比色搭配家具可以营造出活力跳跃的气氛。

1. 沙发色彩搭配

一般来说，不论是沙发还是地毯，除非个人对色彩的接受度比较大，不然通常还是建议选购大地色系、图案素雅的沙发为主。

如果客厅宽敞而且采光较好，沙发则可以大胆选择色彩亮丽的大花、大红、大绿、方格等色彩图案；喜欢将客厅营造成古典氛围，挑选颜色较深的单色沙发或者条纹沙发最合适。如果客厅墙面四白落地，选择深色面料会使室内显得洁静安宁、大方舒适；对于小户型来说，可以选择图案细小、色彩明快的沙发面料，采用白色沙发作为小客厅的家具是很明智的选择，它的轻快与简洁会给空间一种舒缓的氛围。

素色沙发不怕风格会被局限，只要简单搭配一些装饰品或墙饰，就能变换风格。大花案的沙发不太容易驾驭，但却是设计家居亮点的首选。特别是在留白处理的客厅空间里，增加抢眼的花案沙发，以色彩来丰富空间的表情，可以营造不一样的家居氛围。如果为了稳妥，白色或灰色是最佳的百搭选择，这两种是最不容易出错的颜色。但是白色不耐脏，所以淡灰色或者深灰色是比较好的选择。

△ 条纹沙发适合营造古典氛围

△ 深色沙发适合搭配四白落地的客厅墙面

△ 色彩明快的沙发适合小户型空间

△ 灰色沙发比较百搭

△ 色彩艳丽的沙发适合宽敞且采光好的客厅

2. 茶几色彩搭配

在选择茶几色彩的时候需要考虑沙发与地面的颜色。通常如果地面是瓷砖，那么茶几就应该和沙发是同一色调或者相反色调。如果客厅地面是木地板，那么茶几的色调应该以沙发的近似色或者浅色为主。

通常茶几都是使用中性色调，这样看起来未免有些单调乏味。其实不妨大胆尝试一下鲜艳色彩，让它和沙发形成对比色调。可以根据抱枕的颜色使用相同色系，这样在整体上虽然有撞色，但是又不会太突兀。

△ 红色茶几与大花图案的沙发色彩形成对比，富有视觉冲击力

3. 椅凳色彩搭配

椅子设计一向在家具中占有很重要的地位，任何新颖的材料、超前的工艺都有可能第一时间在椅子设计当中被尝试。椅子像家居场景中的点睛配饰，使用起来也特别灵活，可放在任何空间，可以用来放置物品、装饰或是充当配色元素。

单人椅因其圈背造型的不同，在空间的运用上也有不同的功能用途：高背式单人椅适合居家使用，能传递出休闲轻松的居家氛围；流线造型、色彩对比强烈、具强烈视觉美感的单人椅十分适合单身贵族或工作室；个人风格强烈的休闲椅、躺椅、摇椅等适合置放在空间一角或阳台，作为心情的转换站。软装布置中常用单椅的色彩来调节家居空间，撞色是最常见的用法，能够马上给空间带来立体感。

凳子中最具代表性的是中国传统家具之一——鼓凳，一般家里的家具都是方形，但这样会感觉缺少变化。有一个圆形的家具，就会给居室里增添变化，视觉上非常舒服。鼓凳一般分为木质鼓凳与陶瓷鼓凳，木质鼓凳通常颜色较深，常用于中式风格、东南亚风格居室；陶瓷鼓凳相对应用频率更高，绘有花鸟图案的陶瓷鼓凳不仅是新中式风格客厅中的点睛之笔，也常用于现代美式风格居室。

△ 单椅是软装场景中最重要的点睛配饰之一

△ 色彩艳丽、充满视觉美感的单人椅

△ 个人风格强烈的躺椅

△ 传递休闲氛围的高背式休闲椅

△ 木质鼓凳

△ 陶瓷鼓凳

△ 花鸟图案鼓凳常用于新中式风格空间

第2节 / 软装灯具照明色彩搭配

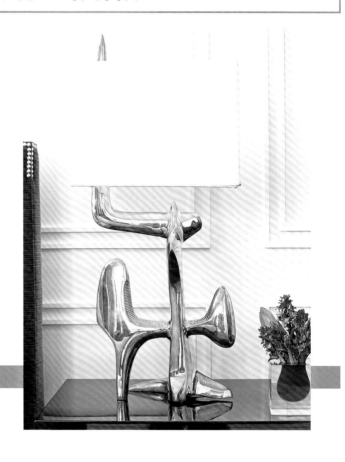

　　色彩是室内装饰的重要手段，而通过灯光的颜色来调节居室的色彩则简便易行，且光影结合，最出效果。色彩如果长期缺少变化，就会感觉缺少新鲜感。空间装饰完成后要换颜色很难，但灯光的变换却非常容易。

 2.1　灯具照明的色彩搭配原则

　　色彩在灯具搭配过程中是非常重要的一个环节，不能仅仅依据个人的主观爱好来决定，而是要与灯具本身的功能、使用范围和环境相协调。不同的灯具都有自身的特点和功效，对色彩的要求也就不同。所以在色彩的应用上应遵循简单、和谐、醒目的原则。热烈或宁静，沉稳或活泼，浪漫或温馨，同样的结构形式、装饰风格，不同的灯光总能塑造出截然不同的气质。

　　首先一定要清楚想营造什么样的空间氛围、空间有多大等一系列的问题。例如主要以暖色系为主，在打光时就要注意暖

色的分布和灯光的特性，一定要先布好主光源的定位，控制好光源的起点，在适当的距离利用一点冷色来互补。

　　在一个比较大的空间里，如果需要搭配多种灯具，就应考虑风格统一的问题。例如客厅很大，需要将灯具在风格上做一个统一，避免各类灯具之间在造型上互相冲突，即使想要做一些对比和变化，也要通过色彩或材质中的某一个因素将两种灯饰和谐起来。在空间里一种灯具显得和其他灯具格格不入的情况是需要避免的。

△ 同一空间内出现多种灯具应考虑风格统一的问题，图中的吊灯与台灯在色彩上互相呼应

2.2　灯具材质的色彩搭配

1. 灯具外观的色彩搭配

灯具的色彩要服从整个房间的色彩。灯具的灯罩、外壳的颜色与墙面、家具、窗帘的色彩要协调。例如橙色的灯具就不适合搭配绿色墙面，否则会形成强烈的反差，显得特别刺眼。

灯具的色彩通常是指灯具外观所呈现的色彩，一方面指陶瓷、金属、玻璃、纸质、水晶等材料的固有颜色和材质，如金属电镀色、玻璃透明感及水晶的折射光效等。另一方面灯罩是灯饰能否成为视觉亮点的重要因素，选择时要考虑好是想让灯散发出明亮还是柔和的光线，或者想通过灯罩的颜色来做一些色彩上的变化。例如乳白色玻璃灯罩不但显得纯洁，而且反射出来的灯光也较柔和，有助于创造淡雅的环境气氛；色彩浓郁的透明玻璃灯罩，华丽大方，而且反射出来的灯光也显得绚丽多彩，有助于营造高贵、华丽的气氛。

虽然通常选择色彩淡雅的灯罩比较安全，但适当选择浓郁色彩的灯罩同样具有很好的装饰作用。一款色彩多样的灯罩可以给空间迅速提升活跃感，但选择的时候应观察整个房间里是否已经出现过很多花色繁复的布艺，如果是则选择素色的灯罩比较合适，这样的话素色灯罩在各类复杂的布艺里反而会更加突出。

△ 很多吊灯除了具有照明功能之外，也是一种装饰性很强的软装元素

△ 彩色灯罩具有很强的装饰作用

△ 白色灯罩显得清新简约

△ 玻璃灯具　　　　　　　　　△ 纸质灯具

△ 水晶灯具　　　　　　　　　△ 金属电镀灯具

△ 创意灯具的外观色彩

2. 软装风格与灯具色彩搭配

当灯具比较单纯地作为一种装饰品的时候，色彩也会变得丰富起来，现在比较流行的概念创新灯具，也多以白色和钛银色为主。在现代灯具的设计中，灯具的用途越来越被细化，针对性越来越强，比如儿童房灯具的色彩就非常艳丽和丰富。如果是以金属材质为主的灯具，在造型上不论多么复杂，那么在配色上就一定会比较简单，这样才更能体现灯具的美感。

现代简约风格的灯具中，根据造型，在配色上有了很多不一样的地方，比如整个灯具只采用一种颜色，只让灯光来做区分。为了迎合现代简约风格，灯具大量使用金属色——钛银色和黑白两色。

大量白色和蓝色系的灯具被广泛运用在地中海风格中，海岩和贝壳做出来的灯具，几乎都是米黄色。

田园风格的台灯大部分都是布艺，以小碎花图案居多，主体仍然是两种颜色，但是由于画面的丰富，颜色看起来会多彩一些。

中式风格灯具的配色讲究素雅大气，主体淡色加重色搭配，对比鲜明。如果灯具的主体是陶瓷，则有青花和彩瓷之分，但是主色调依旧是讲究素雅，不会太过浓郁。在中式风格的灯具用色中，红色是不可缺少的一色，不论是红棕色还是大红色，每种红色都有不同的韵味，体现在一个灯具上的感觉也有所不同。

C 93 M 67 Y 0 K 0

△ 蓝白色灯具常用于地中海风格空间

C 15 M 100 Y 100 K 0

△ 中式风格灯具上经常会出现红色的元素

C 20 M 90 Y 30 K 0

△ 粉色灯具与椅垫布艺的颜色相协调，清新唯美的同时加强了整体感

C 0 M 0 Y 0 K 40

△ 现代简约风格灯具通常以钛银色或黑白色为主

C 5 M 67 Y 11 K 0

△ 田园风格台灯以碎花图案的布艺为主

2.3 照明灯光的色彩搭配

家居空间中，灯光的照明显得格外重要。如果不特别留意，灯光的颜色也许不会给人留下多少印象。在选购灯泡或灯管时，很多人也许只注意了它的功率，而很少关心它的光色。实际上光色对营造气氛具有十分重要的作用，因此选择灯光的颜色成为居室装饰中一项十分重要的工作。

△ 灯光的色彩对于营造室内气氛起到十分重要的作用

1. 认识两种类型的光源

目前适合家庭使用的电光源主要有两种，即白炽灯和荧光灯。白炽灯是由钨丝直接发光，温度较高，属于暖光源，光色偏黄。荧光灯则是由气体放电引起管壁的荧光粉发光，因此温度较低，属于冷光源，光色偏蓝。近几年荧光灯有了不少新产品，除了原有的光色外，出现了与自然光色相仿的三基色荧光灯。同时节能型荧光灯异军突起，光色的种类十分丰富，既有暖光色也有冷光色，选择的余地较大。

△ 白炽灯光色偏黄，属于暖光源

△ 荧光灯光色偏蓝，属于冷光源

2. 根据功能空间确定灯光颜色

一般来讲，选择灯光的颜色应根据室内的使用功能确定。

由于客厅是个公共区域，所以需要烘托出一种友好、亲切的气氛，灯光颜色要丰富、有层次、有意境，可以烘托出一种友好、亲切的气氛。

餐厅为促进食欲，大多选用照度较高的暖色光，白炽灯和荧光灯都可以使用。

卧室需要温馨的气氛，灯光应该柔和、安静，暖光色的白炽灯最为合适，普通荧光灯的光色偏蓝，在视觉上很不舒服，应尽可能避免采用。

黄色灯光的灯具比较适合用在书房里，可以振奋精神，提高学习效率，有利于消除和减轻眼睛疲劳。

厨房对照明的要求稍高，灯光设计应尽量明亮、实用，但是灯光的颜色不能太复杂，可以选用一些隐蔽式荧光灯来为厨房的工作台面提供照明。

卫浴间的灯光设计要显得温暖、柔和，可以烘托出浪漫的情调。

△ 客厅灯光颜色应丰富而有意境，有助于烘托会客氛围

△ 餐厅使用暖色光具有促进食欲的作用

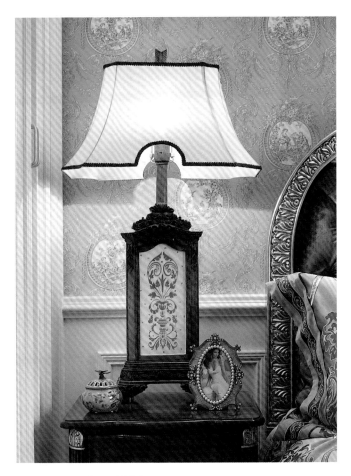

△ 卧室适合使用暖光色的白炽灯

△ 卫浴间灯光宜柔和，烘托浪漫情调

△ 书房使用暖色灯光有利于消除和减轻眼睛疲劳

△ 厨房灯光要求明亮，可通过隐藏于吊柜下方的灯带作为辅助照明

第3节 / **软装饰品色彩搭配**

　　软装设计中，通常采用同类色搭配与对比色搭配两种方法布置饰品。选用同类色搭配饰品，由于通常只是在饰品色彩的明度或纯度上加以变化，所以很容易取得协调和谐的视觉效果；但是利用对比色搭配饰品就需要较高的技巧。在布置时要避免颜色杂乱，同一空间内颜色最好不要超过三种，尽量使用黑白灰进行调节，并注意调整各颜色之间的明度比例。

△ 运用对比色搭配饰品应注意避免颜色的杂乱

△ 运用同类色搭配饰品容易取得和谐的效果

3.1 挂件色彩搭配

1. 装饰挂镜色彩搭配

镜面有金色、茶色、黑色、咖色等多种颜色，可以根据不同的风格进行选择。不过如果用于家居装饰，可以多考虑采用茶色镜面，茶镜可以营造朦胧的反射效果，不但具有视觉延伸作用，可增加空间感，也比一般镜子更有装饰效果，既可以营造出复古氛围，也可以凸显时尚气息。茶镜与白色墙面搭配更能强化视觉上的对比感受。此外，挂镜边框的色彩多种多样，选择时不仅要与整体风格相和谐，而且应注意与墙面色彩的协调。

△ 灰色镜框适用于现代风格或极简风格空间

△ 金色雕花镜框适合欧式风格空间

△ 茶色镜面的挂镜既可以营造出复古氛围，也可以凸显时尚气息

△ 黑色镜框适用于现代风格或新古典风格空间

2. 装饰挂钟色彩搭配

墙面上放置挂钟是一个很好的方式, 既可以起到装饰效果, 又有看时间的实用功能。通常浅色墙面搭配黑色、绿色、蓝色、红色等深色系挂钟起到画龙点睛的效果。深色墙面搭配白色、灰色、浅蓝色、浅绿色等浅色系挂钟为佳。

中式风格挂钟以原木挂钟为主, 红檀色、原木色都是很好的搭配; 欧式挂钟的钟面常常偏复古风, 米白色的底色中会加入线构的暗纹表现古典质感; 田园风格挂钟以白色铁艺钟居多, 钟面多为碎花、蝴蝶图案等小清新画面; 美式风格挂钟以做旧工艺的铁艺挂钟和复古原木挂钟为主, 可选择颜色较多, 如墨绿色、黑色、暗红色、蓝色等; 现代简约风格挂钟外框白色或以金属色居多, 钟面色系纯粹, 指针造型简洁大气。

△ 绿色镜框适用于乡村风格空间

△ 蓝色镜框适用于现代风格或新中式风格空间

△ 中式风格挂钟

△ 欧式风格挂钟

△ 现代简约风格挂钟

△ 美式风格挂钟

△ 田园风格挂钟

△ 深色墙面适合搭配无色系或浅色系挂钟

△ 多个大小与色彩图案不一的挂盘组成一道风景

3. 装饰挂盘色彩搭配

挂盘不仅可以让墙面活跃起来，还能表现居住者个性化的品位。内容丰富的挂盘可以搭配适度浓烈色彩的墙面，形成相互呼应。例如挂盘带有彩绘的鱼、波浪等图案，或者蓝色、绿色、黄色等艳丽色彩流溢时，不妨将背景墙换成浓艳的黄色或明快的蓝色，为空间带来更多活力；简单素雅的纯色挂盘装饰在花色繁多的墙面之上有呼之欲出之效；而在素白的墙面上，搭配白底描花的挂盘会显得十分优雅。

△ 利用色彩丰富的挂盘给工业风空间增彩

△ 素白墙面上，白底青花的挂盘显得十分优雅

3.2 摆件色彩搭配

1. 软装风格与摆件色彩选择

中式风格中注重视觉的留白，有时会在一些摆件饰品上点缀一些亮色提亮空间色彩，比如传统的明黄、藏青、朱红色等，塑造典雅的传统氛围。

法式风格端庄典雅，高贵华丽，饰品摆件通常选择精美繁复、高贵奢华的镀金镀银器或描有繁复花纹的描金瓷器，大多带有复古的宫廷尊贵感，以符合整个空间典雅富丽的格调。

工业风格的摆场适合凌乱、随意、不对称，小件的摆件饰品可选用跳跃的颜色点缀，例如旧电风扇或旧收音机、木质或铁皮制作的相框、老式汽车或者双翼飞机模型等。

东南亚风格的装饰无论是材质还是颜色都崇尚朴实自然，摆件饰品多为带有当地文化特色的纯天然材质的手工艺品，并且大多采用原始材料的颜色。如粗陶摆件、藤或麻装饰盒、大象、莲花、棕榈等造型摆件。

C 31 M 98 Y 80 K 0

C 51 M 55 Y 59 K 10

C 41 M 40 Y 35 K 0

△ 常见的工业风格摆件色彩

C 85 M 50 Y 36 K 0

C 33 M 76 Y 86 K 3

C 36 M 38 Y 49 K 0

△. 常见的东南亚风格摆件色彩

C 11 M 5 Y 7 K 0

C 29 M 92 Y 95 K 0

C 67 M 15 Y 48 K 0

△ 常见的中式风格摆件色彩

C 65 M 39 Y 23 K 0

C 40 M 53 Y 83 K 0

C 0 M 0 Y 0 K 0

△ 常见的法式风格摆件色彩

2. 花器摆件的色彩搭配

花器的质感、色彩的变化对室内整体的环境起着重要的作用。陶瓷花器可分成朴素与华丽两种截然不同的风格，朴素的花器是指单色或未上釉的类型；华丽则是指花器本身釉彩较多，花样、色泽都较为丰富的类型；金属材质的花器给人的印象是酷感十足。不论是纯金属还是以不同比例镕铸的合成金属，只要加上镀金、雾面或磨光处理，以及各种色彩的搭配，就能呈现出各种不同的效果；玻璃花器可依材质本身的透明度与成分，分为不透明、颜色鲜艳的料器，或半透明具玻璃光泽的琉璃，与完全透明的玻璃，以及加入 10% 以上氧化铅成分的水晶玻璃等；木质花器质地温和，在不同的空间还会有一丝中式的禅意和日式的恬静。

△ 朴素型陶瓷花器　　　　　△ 华丽型陶瓷花器

△ 金属花器　　　　　△ 玻璃花器

△ 木质花器

3. 装饰花艺的色彩搭配

装饰花艺的色彩不宜过多，一般以 1~3 种花色相配为宜。选用多色花材搭配时，一定要有主次之分，确定一个主色调，切忌各色平均使用。除特殊需要外，一般花色搭配不宜用对比强烈的颜色。例如红、黄、蓝三色相配在一起，虽然很鲜艳、明亮，但容易刺眼，应当穿插一些复色花材或绿叶缓冲。如果不同花色相邻，应互有穿插呼应，以免显得孤立和生硬。

东方风格花艺注重意境和内涵思想的表达，色彩以清淡、素雅、单纯为主，提倡轻描淡写，一般只用 2~3 种花色，较多运用对比色、特别是利用花器的色调进行反衬。西方风格花艺追求群体的表现力，与西方建筑艺术有相似之处，花艺色彩力求丰富艳丽，着意渲染浓郁的气氛，具有豪华富贵之气，常使用多种花材进行色块的组合。

△ 以邻近色搭配的花艺显得谐调感十足且层次分明，配色时以黄色调为主，穿插橙色与白色，再加以绿色的点缀

△ 东方风格花艺的色彩清淡素雅

△ 西方风格花艺丰富艳丽

△ 常见的花艺色彩搭配

3.3　装饰画色彩搭配

1. 影响装饰画色彩搭配的两个因素

装饰画的作用是调节居室气氛，主要受到房间的主体色调和季节因素的影响。

从房间色调来看，一般可以大致分为白色、暖色调和冷色调。以白色为主的房间选择装饰画没有太多的忌讳；但是以暖色调和冷色调为主的居室就需要选择相反色调的装饰画：例如房间是暖色调的黄色，那么装饰画最好选择蓝、绿等冷色系的，反之亦然。

从季节因素来看，装饰画是家中最方便进行温度调节的饰品，冬季适合暖色，夏季适合冷色，春季适合绿色，秋季适合黄橙色，当然这种变化的前提就是房间是白色或者接近白色的浅色系。

△ 暖色系挂画适合冷色调的空间

△ 冷色系挂画适合暖色调的空间

2. 画芯与画框的色彩搭配重点

通常装饰画的色彩分成两块，一块是画框的颜色，另外一块是画芯的颜色。不管如何，画框和画芯的颜色之间总要有一个和房间内的沙发、桌子、地面或者墙面的颜色相协调，这样才能给人和谐舒适的视觉效果。最好的办法是装饰画色彩的主色从主要家具中提取，而点缀的辅色可以从饰品中提取。

装饰画的色彩要与室内空间的主色调进行搭配，一般情况下两者之间忌色彩对比过于强烈，也忌完全孤立，要尽量做到色彩的有机呼应。例如客厅装饰画可以沙发为中心，中性色和浅色沙发适合搭配暖色调的装饰画，红色、黄色等颜色比较鲜亮的沙发适合配以中性基调或相同相近色系的装饰画。

装饰画边框的色彩可以很好地提升作品的艺术性，选择合适的边框颜色要根据画作本身的颜色和内容来定。一般情况下，如果整体风格相对和谐、温馨，画框宜选择墙面颜色和画面颜色的过渡色；如果整体风格相对个性，装饰画也偏向于采用选择墙面颜色的对比色，则可采用色彩突出的画框，形成更强烈和动感的视觉效果。此外，黑白灰三色能和任何颜色搭配在一起，也非常适合应用在画框上。

△ 常见画框色彩——不锈钢金属色的画框表现出现代前卫感

△ 装饰画与单沙发、台灯之间运用同类色搭配，给人和谐舒适的视觉效果

△ 常见画框色彩——黑白色等无色系的画框比较百搭

△ 常见画框色彩——金色画框提升家居品质感

△ 常见画框色彩——米黄石材画框更好地展现画作的价值

△ 常见画框色彩——原木色画框给人亲近自然的感受

△ 常见画框色彩——彩色画框表现出动感与活力

3. 室内空间的装饰画色彩搭配

客厅装饰画在色彩上要与整个空间的色调一致，多以明快清丽的色调为主，要达到使人感觉舒服的效果。太深太刺眼的色调，短时间内可能觉得绚丽养眼，但时间一长则容易让人心情沉重，情绪紧张。

玄关位置的装饰画色调以吉祥愉悦为佳，并与整体风格协调搭配，可选择格调高雅的抽象画或静物、插花等题材的装饰画，来展现居住者优雅高贵的气质。

餐厅装饰画在色彩与形象上都要符合用餐人的心情，通常橘色、橙黄色等明亮色彩能让人身心愉悦，增加食欲，图案以明快、亮丽为佳。

书房是个安静而富有文化气息的功能区，装饰画在题材与色彩上都宜轻松而低调，色彩不要太过鲜艳跳跃，让进入书房的人能够安静而专注的阅读和思考。

卧室是一个让人放松的私密区域，简约平和的低亮度色彩可以保持空间的平和安静，装饰画的选择应以让人心情缓和宁静为佳，避免选择能引发思考或让人浮想联翩的题材以及让人兴奋的亮色。

儿童房装饰画的颜色选择上多鲜艳活泼，温暖而有安全感，题材可选择健康生动的卡通、动物、动漫以及儿童自己的涂鸦等。

楼梯间适宜选择色调鲜艳、轻松明快的装饰画，以组合画的形式根据楼梯的形状错落排列，也可以选择自己的照片或喜欢的画报打造一面个性的照片墙。

厨房适合挂一组色彩明快、风格活泼的装饰画，应选择内容贴近生活题材的画作，例如小幅的食物油画、餐具抽象画、花卉图等。

卫浴间的装饰画需要考虑防水防潮的特性，色彩应尽量与墙面瓷砖的色彩相协调。

△ 客厅装饰画的色彩不仅要与整体空间协调，而且应营造一种舒适放松的氛围

△ 厨房适合挂色彩明快、风格活泼的装饰画

△ 餐厅装饰画以明亮色彩为佳

△ 书房装饰画应选择低纯度和低明度的色彩，有助人的静心思考

△ 楼梯间适宜选择色调鲜艳、轻松明快的装饰画

△ 玄关装饰画的色彩应给人平和愉快的视觉感受

△ 卫浴间装饰画的色彩应尽量与墙面瓷砖的色彩相协调

软装布艺包含窗帘、地毯、抱枕、床品等内容，是软装设计的有机组成部分，同时在实用功能上也具有独特的审美价值。布艺的颜色和花纹繁多，让人眼花缭乱，业主可以根据自己的喜好和性格进行选择，最终完成的装饰效果也表达出业主个人的品位和审美。

4.1 窗帘色彩搭配

1. 窗帘色彩的搭配重点

作为家中大面积色彩体现的窗帘，其颜色的体现要考虑到房间的大小、形状以及方位，必须与整体的装饰风格形成统一。

中性色调的室内空间中，为了使窗帘更具装饰效果，可采用色彩强烈对比的手法，改变房间的视觉效果；如果空间中已有色彩鲜明的装饰画或家具、饰品等，可以选择色彩素雅的窗帘。在所有的中性色系窗帘中，如果确实很难决定，那么灰色窗帘是一个不错的选择，比白色耐脏，比褐色更加明亮。

如果根据墙面颜色来选用窗帘的颜色，白色的墙面适合各种颜色窗帘，而彩色的墙面通常适合同色系或白色、灰色、金色或银色的窗帘。需要注意的是由于窗帘与墙面都属于大面积色块，所以在根据墙面颜色选择窗帘时需要特别注意色彩的协调性。

此外，窗帘上的一些小点缀可以起到画龙点睛的效果，例如在素色窗帘边缘点缀上一圈色彩浓郁的印染花布，或是利用光影随窗帘色彩变化而丰富空间层次等，通过这些小细节来调整室内氛围，也不失为一个装点家居的好选择。

△ 中性色调的空间可通过选择色彩对比强烈的窗帘增加装饰效果

△ 如果空间中已有色彩鲜明的家具和饰品，可以选择色彩素雅的窗帘

△ 白色墙面适合搭配各种颜色的窗帘

2. 不同软装风格的窗帘色彩搭配

东南亚风格的窗帘一般以自然色调为主，完全饱和的酒红、墨绿、土褐色等最为常见。

窗帘色彩 / C 36 M 63 Y 78 K 8

△ 东南亚风格窗帘的常见色彩搭配

新古典风格的窗帘颜色可以选择香槟银、浅咖色等，花形讲究韵律，弧线、螺旋形状的花形较常出现。

窗帘色彩 / C 66 M 55 Y 49 K 2　　　　C 57 M 66 Y 83 K 16

△ 新古典风格窗帘的常见色彩搭配

△ 彩色墙面适合搭配同色系的窗帘

欧式风格窗帘的颜色和图案也应偏向于跟家具一样的华丽、沉稳，多选用金色或酒红色这两种沉稳的颜色作面料，显示出家居的豪华感。有些会运用一些卡奇色、褐色等做搭配，再配上带有珠子的花边搭配增强窗帘的华丽感。

现代风格中最常见的是时尚风格与简约风格。时尚风格窗帘的花形可选择以花卉、植物为原型的现代抽象图案；如果是简约风格，建议采用几何图案的窗帘，颜色选用与硬装协调的黑白灰，突出冷静与干练。

窗帘色彩 / C 0 M 0 Y 0 K 30	C 0 M 0 Y 0 K 60

△ 现代风格窗帘的常见色彩搭配

美式风格窗帘的纹饰元素通常有雄鹰、麦穗、小碎花等，如果觉得大图型图案很难驾驭，可以选择大气简约的纯色窗帘，它也很适合美式风格。

窗帘色彩 / C 35 M 43 Y 60 K 0	C 77 M 51 Y 87 K 21

△ 欧式风格窗帘的常见色彩搭配

窗帘色彩 / C 62 M 66 Y 67 K 0

△ 美式风格窗帘的常见色彩搭配

田园风格的窗帘通常以小碎花为主角，同色系格子布或素布与其相搭配，辅以装饰性的窗幔或蝴蝶结，整个房间充满温馨情怀。

传统中式风格的典型元素是大量的木质传统家具，且高档的家具材质往往颜色发红发深，所以红棕色窗帘是传统中式风格的标配；新中式的窗帘可以选一些仿丝材质，既可以拥有真丝的质感、光泽和垂坠感，还可以加入金色、银色的运用，添加时尚感觉，如果运用金色和红色作为陪衬，又可表现出华贵和大气。

窗帘色彩 / C 12 M 10 Y 5 K 0　　C 67 M 56 Y 80 K 12

△ 田园风格窗帘的常见色彩搭配

北欧风格空间中，白色、灰色系的窗帘是百搭款，简单又清新。如果搭配得宜，窗帘上出现大块的高纯度鲜艳色彩也是北欧风格中特别适用的。另外，几何图形也是北欧风的特色，用在儿童房、小型窗户上也是点睛之笔。

窗帘色彩 / C 20 M 29 Y 50 K 0　　C 51 M 68 Y 67 K 7

△ 传统中式风格窗帘的常见色彩搭配

窗帘色彩 / C 0 M 0 Y 0 K 50

△ 北欧风格窗帘的常见色彩搭配

窗帘色彩 / C 68 M 15 Y 41 K 5　　C 6 M 92 Y 93 K 0

△ 新中式风格窗帘的常见色彩搭配

3. 不同功能空间的窗帘色彩搭配

客厅的窗帘不管是材质还是色彩方面，都应尽量选择与沙发相协调的面料，以达到整体氛围的统一。

老年人的卧室通常色彩宜庄重素雅，可选暗花和色泽素净的窗帘；年轻人的卧室则宜活泼明快，窗帘可选现代感十足的图案花色；儿童房不妨采取色彩鲜艳、图案活泼的面料做窗帘或布百叶，也可用印花卷帘。一方面应选择色彩比较丰富的款式，另一方面最好选择带有可爱卡通的图案。例如男孩房可选玩具车、帆船之类的图案；女孩喜欢梦幻一点的卡通图案，比如白雪公主、米老鼠、小熊维尼等。

书房窗帘的色彩不能太过艳丽，否则会影响读书的注意力集中，同时长期用眼，容易疲劳，所以窗帘要考虑那些大自然的颜色，如绿色、蓝色、乳黄色、白色等，给人以舒适的视觉感。

△ 客厅窗帘应尽量选择与沙发面料相协调的色彩

△ 年轻居住者的窗帘宜选择现代感十足的图案花色

△ 老人房适合选择色彩庄重素雅的窗帘

△ 带有可爱卡通图案的窗帘是儿童房的最佳选择

△ 书房窗帘的色彩应考虑给人以舒适的视觉感

4. 常见的窗帘色彩搭配手法

（1）根据地面选择窗帘色彩

如果地面是紫红色的，窗帘可选择粉红、桃红等近似于地面的颜色。但面积较小的房间就要选用不同于地面颜色的窗帘，否则会显得房间狭小。当地面同家具颜色对比度强的时候，可以地面颜色为中心进行选择；地面颜色同家具颜色对比度较弱时，可以家具颜色为中心进行选择。

如果有些精装修房中，地板的颜色不够理想，就不能再按照地板的颜色选择窗帘，建议选择和墙面相近的颜色，或者选择比墙壁颜色深一点的同色系颜色。例如浅咖色也是一种常见墙色，那就可以选比浅咖色深一点的浅褐色窗帘。

家具颜色 ▶ 窗帘颜色

△ 以家具颜色为中心选择窗帘

△ 精装修房中的窗帘建议选择和墙面相近的颜色或者更深一点的同色系颜色

地面颜色 ▶ 窗帘颜色

△ 以地面颜色为中心选择窗帘色彩

（2）根据次色调选择窗帘色彩

次色调是除了墙面和地面的大片颜色以外，人能注意到的第二种颜色。沙发体积太大，而且通常选择的颜色都偏中性色，所以不太作为次色调的来源。次色调一般来自那些带显著色彩或者独特图案的中小型物件，比如茶几、地毯、台灯、靠垫或者其他装饰物。像台灯这样越小件的物品，越适合作为窗帘的选色来源，不然会导致同一颜色在家里铺得太多。

△ 沙发抱枕通常是一个空间中的次色调，利用其作为窗帘的选色来源是一个不错的选择

（3）根据其他布艺选择窗帘色彩

窗帘选择与其他布艺相协调的色彩是一种稳妥的方式，例如床品和窗帘选择相近的颜色，卧室的配套感会特别强。少数情况下，窗帘也可以与地毯颜色呼应。但除非地毯本身也是中性色，才可以按照地毯颜色选择单色窗帘，不然的话，只要让窗帘带上一点地毯的颜色就足够了。

△ 选择与床品色彩相近的窗帘可增加卧室空间的配套感

（4）根据对比色搭配选择窗帘色彩

在一些充满个性的软装环境中，选择单色的窗帘与其他单色主体进行对比或互补，能营造出简洁、活跃的空间氛围。例如绿色与粉色的强烈撞色，能为空间带来富有冲击力的视觉体验。

△ 绿色与粉色的强烈撞色，为空间带来富有冲击力的视觉体验

4.2　地毯色彩搭配

一般来说，只要是空间已有的颜色，都可以作为地毯颜色，但还是应该尽量选择空间使用面积最大、最抢眼的颜色，这样搭配比较保险。地毯底色应与室内主色调相协调，家具、墙面的色彩最好与地毯的色彩相协调，不宜反差太大，要使人有舒适和谐的感觉。

△ 常见的地毯色彩

1. 不同软装风格的地毯色彩搭配

地毯的应用在工业风格的空间当中并不多见，大多应用于床前或沙发区域，基本采用浅褐色的棉质或者亚麻编织地毯。

北欧风格的地毯有很多选择，一些极简图案、线条感强的地毯可以起到不错的装饰效果。黑白两色的搭配是配色中最常用的，同时也是北欧风格地毯经常会使用到的颜色。在北欧风格地毯中，苏格兰格子是常用的元素。

现代风格空间中既可以选择简洁流畅的图案或线条，如波浪、圆形等抽象图形，也可以选择单色地毯。颜色在协调家具、地面等环境色的同时也要形成一定的层次感。如果觉得风格太素，可以选择跳跃一点的颜色来活跃整个氛围。

欧式风格地毯的花色很丰富，多以大马士革纹、佩斯利纹、欧式卷叶、动物、建筑、风景等图案为主，材质一般以羊毛类的居多。

新古典风格家居可考虑带有欧式古典纹样、花卉图案的地毯，可以选择一些偏中性的颜色。在大户型或者别墅中，带有宫廷感的地毯是绝佳搭配。

新中式风格家居既可以选择具有抽象中式元素图案的地毯，也可选择传统的回纹、万字纹或描绘着花鸟山水、福禄寿喜等中国古典图案。通常大空间适合花纹较多的地毯，显得丰满，前提是家具花色不要太乱。而新中式风格的小户型中，大块的地毯就不能太花，不仅显得空间小，而且也很难与新中式的家具搭配，地毯上只要有中式的四方连续元素点缀即可。

地毯色彩 ／ C 45 M 50 Y 60 K 0

△ 工业风格地毯通常以浅褐色为主

地毯色彩 / C 0 M 0 Y 0 K 0	C 0 M 0 Y 0 K 100

△ 北欧风格地毯经常选择黑白色

地毯色彩 / C 47 M 92 Y 82 K 0	C 30 M 30 Y 80 K 0

△ 现代风格地毯的色彩活泼艳丽

地毯色彩 / C 12 M 20 Y 20 K 12	C 58 M 65 Y 75 K 12

△ 欧式风格地毯的色彩丰富，通常带有欧式特有的图案

地毯色彩 / C 62 M 57 Y 51 K 8	C 53 M 48 Y 78 K 0

△ 新古典风格地毯宜选择一些偏中性的颜色

地毯色彩 / C 12 M 10 Y 12 K 10	C 78 M 30 Y 36 K 0

△ 新中式风格的地毯通常带有抽象的中式元素图案

2. 不同功能空间的地毯色彩搭配

玄关地毯的花色，可根据喜好随意搭配，但要注意的是，如果选择单色玄关地毯，颜色尽量深一些，浅色的玄关地毯易污损。如果玄关空间较小，地毯上最好有扩展视觉印象的图案。

如果客厅沙发的颜色多样，可以选择单色无图案的地毯样式。这种情况下颜色搭配的方法是从沙发上选择一种面积较大的颜色，作为地毯的颜色，这样搭配会十分和谐，不容易因为颜色过多显得凌乱。如果沙发颜色比较单一，而墙面为某种纯度和明度相对较高的颜色，则可以选择条纹地毯，或自己十分喜爱的图案，颜色的搭配以比例大的同类色作为主色调。

卧室中的地毯宜选择花形较小、搭配得当的图案，视觉上安静、温馨，同时色彩要考虑和家具的整体协调。

餐厅中的地毯如果是最先购买的，那么可以通过它作为餐厅总体配色的一个基调，从而选择墙面的颜色和其他软装饰品，保证餐厅色调的平衡。

厨房中适合放置颜色较深的地毯，不仅解决了清洁的问题，还为普通的厨房增色不少。丙纶地毯多为深色花色，弄脏后看着不明显，清洁也比较简便，因此在厨房这种易脏的环境中使用丙纶地毯是一种最佳的选择方案。

卫浴间中铺设一块色彩艳丽的地毯可以为单调的小空间增色不少。由于卫浴间比较潮湿，放置地毯主要是为了让它起到吸水功效，所以应选择棉质或超细纤维地垫，其中尤以超细纤维材质为佳。

△ 玄关地毯的花色以不易污损为原则，可根据居住者喜好进行选择

△ 如果沙发颜色比较单一，而墙面为某种纯度和明度相对较高的颜色，则客厅可以选择条纹地毯

△ 厨房适合选择深色花色的地毯，方便清洁

△ 卧室地毯的色彩需要考虑与家具的整体协调

△ 餐厅地毯可以作为主色调，由此延展出整个空间的配色

△ 卫浴间可选择彩色小块地毯以增添活力

3. 常见的地毯色彩搭配方案

软装搭配时可以将居室中的几种主要颜色作为地毯的色彩构成要素，这样选择起来既简单又准确。在保证色彩的统一协调性之后，最后再确定图案和样式。

在光线较暗的空间里选用浅色的地毯能使环境变得明亮，例如纯白色的长绒地毯与同色的沙发、茶几、台灯搭配，就会呈现出一种干净纯粹的氛围。即使家具颜色比较丰富，也可以选择白色地毯来平衡色彩。在光线充足、环境色偏浅的空间里选择深色的地毯，能使轻盈的空间变得厚重。例如面积不大的房间经常会选择浅色地板，正好搭配颜色深一点的地毯，会让整体风格显得更加沉稳。

纯色地毯能带来一种素净淡雅的效果，通常适用于现代简约风格的空间。相对而言，卧室更适合纯色的地毯，因为睡眠需要相对安宁的环境，凌乱或热烈色彩的地毯容易使心情激动振奋，从而影响睡眠质量。如果是拼色地毯，主色调最好与某种大型家具相协调，或是与其色调相对应，比如红色和橘色，灰色和粉色等，和谐又不失雅致。在沙发颜色较为素雅的时候，运用撞色搭配总会有让人惊艳的效果。例如黑白一直都是很经典的拼色搭配，黑白撞色地毯经常用在现代都市风格的空间中。

△ 如果选择拼色地毯，其主色调应与沙发等这类大型家具的色彩相协调

△ 深色地毯可提升空间的厚重感

△ 白色地毯可提升光线较暗的空间的明亮感

△ 黑白撞色地毯经常用在现代都市风格的空间中

4.3 床品色彩搭配

1. 床品色彩的搭配重点

床品的色彩和图案直接影响卧室装饰的协调统一，从而间接影响到睡眠心理和睡眠质量。因此，在确定床品材质后，一定要根据卧室风格慎重选择床品的色彩和图案。例如自然花卉图案的床品适合搭配田园格调；抽象图案则更适宜简洁的现代风格。此外，床品在不同主题的居室中，选择的色调自然不一样。对于年轻女孩来说，粉色床品是最佳选择；成熟男士则适用蓝色床品，体现理性，给人以冷静之感。

△ 自然花卉图案的床品适用于田园风格卧室

△ 纯色地毯适合营造一个安宁的睡眠环境

△ 抽象图案的床品适用于现代风格卧室

△ 粉色床品适合年轻女性的卧室

△ 蓝色床品体现成熟男士的理性

2. 床品与卧室整体色彩的关系

卧室的主体颜色是整体，床品颜色是局部，所以床品不能喧宾夺主，只能起点缀作用，要有主次之分。

为了营造安静美好的睡眠环境，卧室墙面和家具的色彩都会比较柔和，床品通常根据卧室主体颜色来搭配与之相似的颜

色。为了渲染生机，选择带有轻浅图案的面料，会打破色调单一的沉闷感。例如卧室主体颜色是紫色，应搭配以白色为主带少许紫色装饰图案的床品，而不要再选择大面积为紫色的床品，否则整体就显得浑然一体，没有层次和主次感。

但是如果卧室的主体颜色是浅色，床品的颜色如再搭配浅色，这样整体就显得苍白、平淡，没有色彩感。这种情况下建议床品可搭配一些深色或鲜艳的颜色，如咖啡色、紫色、绿色、黄色等，整个空间就显得富有生机，给人一种强烈的视觉冲击感。反之，卧室主体颜色是深色，床品应选择一些浅色或鲜亮的颜色，如果再搭配深色床品，就显得沉闷、压抑。

△ 为了营造安静美好的睡眠环境，床品通常根据卧室主体颜色来搭配与之相似的颜色

△ 浅色的卧室空间适合选择鲜艳色彩的床品，营造活力与生机

△ 深色的卧室空间适合搭配浅色床品

△ 格纹床品

3. 根据居住环境选择床品色彩

　　如果是一个人居住，从心理上来说，颜色鲜艳的床品能够填充冷清感；如果是多人居住，条纹或者方格的床品是一个合适选择；如果卧室面积偏小，最好选用浅色系床品来营造卧室氛围；如果卧室很大，可选用强暖色床品去营造一个亲密接触的空间；如果卧室光线阴暗的话，那么建议不要选择绿色、蓝色、紫色等冷色系的床品，可以适当搭配一些暖色，例如浅麻色、米色、橘色等。

△ 浅色系床品

△ 鲜艳色彩床品

△ 暖色系床品

中式风格床品多选择丝绸材料制作，中式团纹和回纹都是这个风格最合适的元素，有时候会以中国画作为床品的设计图案，尤其在喜庆时候采用的大红床品更是中式风格最明显的表达。

床品色彩 / C 91 M 87 Y 42 K 7

△ 中式风格的床品色彩

4. 根据软装风格选择床品色彩

欧式风格的床品多采用大马士革、佩斯利图案，风格上大方、庄严、稳重，做工精致。这种风格的床品色彩与窗帘以及墙面的色彩应高度统一或互补。

现代风格床品的色彩以简洁、纯粹的黑、白、灰和原色为主，不再过多地强调传统欧式或者中式床品的复杂工艺和图案设计，有的只是一种简单的回归。

床品色彩 / C 12 M 15 Y 15 K 0   C 29 M 39 Y 45 K 0

△ 欧式风格的床品色彩

床品色彩 / C 0 M 0 Y 0 K 0   C 87 M 76 Y 53 K 58

△ 现代风格的床品色彩

东南亚风格的床品色彩丰富，可以总结为艳、魅，多采用民族的工艺织锦方式，整体感觉华丽热烈，但不落庸俗之列。

床品色彩 / C 32 M 95 Y 100 K 0　　　C 97 M 86 Y 40 K 5

△ 东南亚风格的床品色彩

美式风格床品的色调一般采用稳重的褐色或者深红色，花纹一般会出现简单的古典图腾花纹做点缀，在抱枕和床旗上通常会出现大面积吉祥寓意的图案。

床品色彩 / C 0 M 0 Y 0 K 40　　　C 11 M 15 Y 50 K 0

△ 美式风格的床品色彩

新古典风格床品经常出现一些艳丽、明亮的色彩，有时一些个性的床品还会出现一些非常极致的色彩，例如黑白、紫色等，非常符合现代的审美观念。一般此类床品的图案不会很多，要出现也是一些几何图形。

床品色彩 / C 5 M 10 Y 15 K 0　　　C 47 M 49 Y 100 K 0

△ 新古典风格的床品色彩

田园风格床品的色彩一般都会和田园家具一样，色彩淡雅，多为米白色。在花纹上，田园风格床品经常出现一些植物图案或者碎花图案，再配合一些格子和圆点做装饰点缀。

床品色彩 / C 5 M 10 Y 10 K 0　　　C 37 M 98 Y 50 K 0

△ 田园风格的床品色彩

5. 利用抱枕增加床品色彩的丰富性

床品包括床单、被子和枕头以及抱枕等，其中抱枕更能起到画龙点睛的作用。各抱枕单品之间完全同花色是最保守的选择；要效果更好，则需采用同色系不同图案的搭配法则，甚至可以将其中一两件小单品配成对比色，如此一来，床品才能作为软装的重头戏为房间增色。

△ 同花色的床上抱枕

△ 色彩对比强烈的床上抱枕

6. 选择更加安全环保的床品色彩

深色系的床品在创造卧室氛围上，确实比浅色床品更出色。但是需要提醒的是，现在大多床品还是使用印染技术。不排除一些小品牌选择使用廉价染料，可能含有偶氮、甲醛等有害物质，床品颜色太深，可能会有隐患。因此，从颜色的角度来看，床品越浅淡越素雅，安全性越高。例如纯白色系列的床品通常采用纯天然棉花的白花，不存在任务染色及其他化学剂的成分，是最原始也是最健康环保的全棉产品。

如果想选择带有图案花纹的床品，可以考虑提花及刺绣工艺的类型，因为这些床品上的图案是利用机器在纺织过程中用棉线或人工而形成的图案，并不是利用印染工艺的化学剂印染上去的，因此不存在含有致癌物质可分解致癌芳香胺染料。

△ 纯白色床品相比于深色系床品，更能保证健康和环保

4.4 抱枕色彩搭配

1. 遵循室内的色彩主线搭配抱枕

如果室内色彩比较丰富，选择抱枕时最好采用同一色系且淡雅的颜色，这样不会使空间环境显得杂乱。如果室内的色调比较单一，这时候抱枕就可以选择用一些撞击性强的对比色，起到活跃氛围的作用，丰富空间的视觉层次。

想要选好抱枕的颜色，就需要去找寻空间里的其他颜色。如果家中的花卉植物很多，抱枕色彩图案也可以花哨一点；如果是简约风格，选择条纹的抱枕肯定不会出错，它能很好的平衡纯色和样式简单的差异；如果房间中的灯饰很精致，那么可以按灯饰的颜色选择抱枕；如果根据地毯的颜色搭配抱枕，也会是一个极佳的选择。

△ 简约风格空间中搭配条纹抱枕是十分稳妥的选择

△ 常见的抱枕色彩

△ 根据地毯的颜色选择抱枕

△ 色彩丰富的室内空间应选择同一色系且色彩淡雅的抱枕 　　　△ 色调单一的室内空间适合选择对比撞色的抱枕活跃氛围

2. 抱枕色彩搭配的规律

先以沙发上的纯色抱枕作为基础，串联起其他不同的颜色和图案。不管接下来选的抱枕上有什么图案，但其中一个图案的颜色必须是第一个抱枕上面出现过的。第三个抱枕的图案可以更复杂，但同样的，它上面的其中一个颜色必须和第一个抱枕重合。不管是颜色还是图案，面积都是从大到小层层递减的。

抱枕如果呈前后叠放的话，尽量挑选单色系的与带图案的抱枕组合，大的单色的抱枕在后，小的带图案的抱枕在前。

△ 单色系的与带图案的抱枕组合前后叠放，大的单色的抱枕在后，　　　△ 以第一个纯色抱枕为基础，以后的每一个抱枕不管是颜色还是图案，
　　小的带图案的抱枕在前　　　　　　　　　　　　　　　　　　　　　面积都是从大到小层层递减的

3. 抱枕与墙面之间的色彩平衡

布置抱枕时一般不止一个，所以无须讲究每个颜色的一致性，反而最好深浅不一才能突出空间的层次感，使客厅变得多姿多彩。

如果室内的墙面是纯白色的，发挥得余地非常大，可以选择色彩跳跃醒目的沙发抱枕搭配，在颜色上能起到一个过渡作用；选择深色抱枕能使室内显得舒适大方，安静稳重。

如果室内墙面有颜色的话，抱枕也可以选择同种色系的颜色搭配。例如大红大花的抱枕十分适合深色的欧式真皮沙发，与家具的色调协调一致；而清新淡雅的抱枕则适合摆放在浅色绒质沙发上，显得更加温馨美好。

△ 深浅不一的抱枕更能突出空间的层次感

△ 纯白色墙面适合搭配高纯度色彩的沙发抱枕

4. 深色系沙发的抱枕色彩搭配方案

深色系沙发如黑色、棕色、咖啡色等，容易给人沉闷的感觉，因此可选择一些浅色抱枕，与之形成对比。但是要点亮整个沙发区，仅依靠浅色抱枕是不够的，还需要点缀一个色彩比较亮丽的抱枕，让它成为视觉焦点。如果不喜欢太过鲜明的深浅对比，也可以增加一点中性色的抱枕，在沙发区的抱枕组合中作为过渡。而一些色彩有深有浅的几何纹抱枕或者印花抱枕，也是装

点深色沙发的不错选择。

抱枕色彩一 / C 68 M 70 Y 67 K 51	
抱枕色彩二 / C 41 M 50 Y 87 K 0	
抱枕色彩三 / C 14 M 45 Y 65 K 0	C 68 M 70 Y 67 K 51

△ 深色系沙发的抱枕色彩搭配方案

5. 浅色系沙发的抱枕色彩搭配方案

浅色系沙发如米色沙发、白色沙发、浅灰色沙发等，给人的感觉会比较雅致，因此在抱枕选择上可以考虑用深色抱枕＋中性色抱枕＋个别装饰性抱枕来组合。深色抱枕可以让沙发区给人的感觉更鲜明；中性色抱枕则可以作为沙发区的平衡和过渡；装饰性的抱枕可以是色彩相对比较亮丽的纯色或者印花抱枕。

抱枕色彩一 / C 0 M 0 Y 0 K 45	C 92 M 71 Y 53 K 12
抱枕色彩二 / C 63 M 60 Y 32 K 0	
抱枕色彩三 / C 5 M 21 Y 78 K 0	
抱枕色彩四 / C 0 M 0 Y 0 K 25	C 0 M 0 Y 0 K 75
抱枕色彩五 / C 95 M 76 Y 28 K 0	

△ 浅色系沙发的抱枕色彩搭配方案

6. 彩色系沙发的抱枕色彩搭配方案

彩色系沙发如蓝色、绿色、紫色、粉色、格子沙发或者其他色彩明快的纯色以及印花沙发等，抱枕的搭配则应该主要从协调和呼应的角度入手。通常情况下，用浅色抱枕 + 与沙发同色系的印花抱枕或者几何纹抱枕是相对比较稳妥的选择。如果房间里已经充满了各种图案的装饰品，并且彩色沙发本身也是有图案的，只要选择跟沙发主色调相同，同时又带有凹凸纹理的纯色抱枕即可。

抱枕色彩一 / C 39 M 20 Y 79 K 0	
抱枕色彩四 / C 68 M 77 Y 90 K 53	C 45 M 18 Y 26 K 0

△ 双色沙发的抱枕色彩搭配方案

抱枕色彩一 / C 9 M 22 Y 75 K 0	
抱枕色彩二 / C 0 M 0 Y 0 K 100	C 0 M 0 Y 0 K 0
抱枕色彩三 / C 91 M 90 Y 48 K 16	C 0 M 0 Y 0 K 0
抱枕色彩四 / C 0 M 0 Y 0 K 100	

△ 彩色系沙发的抱枕色彩搭配方案

7. 双色沙发的抱枕色彩搭配方案

如果沙发靠背与坐垫是双色设计，那么抱枕的选择只要遵循两种色彩兼而有之，并注意色彩过渡即可。以最为常见的棕色 + 白色双色沙发为例，可以在靠近沙发靠背的最里侧或者靠近扶手的最外侧，摆放一个白色或者米色的带有细条纹的抱枕，然后紧挨着这个浅色抱枕摆放一个浅驼色或者奶咖色抱枕作为过渡。最后，再摆放一个装饰性比较强的棕色系抱枕，作为点睛之笔。

 ## 4.5　桌布色彩搭配

1. 桌布的色彩搭配重点

桌布较其他大件的软装饰品而言，因其面积较小和用途不明显，在居家设计中常容易被忽略，但它却很容易营造气氛。

不同色彩与图案的桌布的装饰效果各不相同。如果桌布的颜色太艳丽又花哨，再搭配其他软装饰品的话，容易给人一种杂乱不堪的感觉。通常色彩淡雅的桌布十分经典，而且比较百搭。此外，只要选择符合餐厅整体色调的桌布，冷色调也能起到很好的装饰作用。

如果使用深色的桌布，那么最好使用浅色的餐具，餐桌上如果一片暗色很影响食欲，深色的桌布其实很能体现出餐具的质感。纯度和饱和度都很高的桌布非常吸引眼球，但有时候也会给人压抑的感觉，所以千万不要只使用在餐桌上，一定要在其他位置使用同色系的饰品进行呼应。

△ 色彩淡雅的桌布不仅百搭，而且可以更好地营造就餐氛围

△ 现代简约风格桌布色彩

2. 不同风格的桌布色彩搭配

　　现代简约风格家居空间适合选择白色的桌布，如果餐厅整体色彩单一，也可以采用颜色跳跃一点的桌布营造气氛，给人眼前一亮的效果；乡村风格家居中，具有大自然田园风格的碎花图案或格纹是永不褪色的流行，它们能带来温馨舒适的感觉；中式风格桌布常体现中国元素，如出现青花纹样、福禄寿喜等图案，自然流露出中国特有的古典意韵；欧式风格的桌布需要表现出奢华的质感，丝光柔滑的面料最好搭配沉稳的咖啡色、金色或银色，尽显尊贵大气。

△ 中式风格桌布色彩

△ 田园风格桌布色彩

△ 欧式风格桌布色彩

4.6 桌旗色彩搭配

当使用素雅桌布时,最好搭配同样拥有素雅花纹的桌旗,这样会显得沉稳很多;如果使用比较艳丽颜色的桌布,桌旗选择相反颜色的撞色会让整个餐桌更加出彩;如果桌布的颜色异彩纷呈,选择同色系的桌旗会更为合适;如果桌布是单色,就要考虑用带有花纹的桌旗增添色彩,否则整体感觉会有些单一,花纹桌旗的挑选,会使餐桌有层次分明的感觉;如果桌布上各种色彩和图案混搭,让人目不暇接,若再搭配鲜艳的桌旗就会出现分不清层次的感觉,这时使用素雅花纹的桌旗是一个不错的选择。

△ 欧式风格餐厅中选择合适的桌布,可让就餐环境更有仪式感

△ 黑白条纹布艺比较百搭,并且可以迅速提升餐厅的时尚感

第 7 章
室内空间的配色重点

家装住宅空间色彩搭配

色彩的合理搭配，能够创造出富有意境和个性化的环境，能够给人视觉上的享受，使人保持愉快的心情。所以在家装住宅空间的色彩上，应巧妙地应用色彩设计的基本原则，把居住者对学习、生活和休息的需求放在首要位置。

1.1 客厅空间配色

一般客厅的面积较其他的房间大，色彩运用也最为丰富。客厅的色彩要以反映热情好客的暖色调为基调，并可有较大的色彩跳跃和强烈的对比，突出各个重点装饰部位。墙面与地面是客厅空间中面积最大的部分，这两部分的色彩设计往往决定了整个客厅配色的成功与否。

1. 客厅墙面的配色方案

客厅墙面色彩的确定首先要考虑朝向。南向和东向的客厅一般光照充足，墙面可以采用淡雅的浅蓝色、浅绿色等冷色调；北向客厅或光照不足的客厅，墙面应以暖色为主，如奶黄色、浅橙色、浅咖啡色等色调，不宜用过深的颜色。

因为浅色的墙面更容易搭配，在视觉上也会给人明亮的感觉。而深色的墙面在视觉上不仅会给人带来压抑的感觉，也会极大程度地影响房间的采光。所以在客厅的墙面颜色选择之中，通常中性色是最常见的，如米白、奶白、浅紫灰等颜色。如果认为颜色的搭配过于单一，也可以选择三面白墙一面彩墙的设计。

如果把客厅墙面和家具的颜色进行巧妙搭配，可以产生惊艳的视觉效果。所以在选择客厅墙面颜色的时候，需要和家具结合起来，而家具的色彩也要和客厅墙面相互映衬。比如客厅墙面的颜色比较浅，那么家具一定要有和这个颜色相同的色彩在其中，这样的表现才更加完美自然。通常，对于浅色的家具，客厅墙面宜采用与家具近似的色调；对于深色的家具，客厅墙面宜用浅的灰性色调。如果事先已经确定要买哪些家具，可以根据家具的风格、颜色等因素选择墙面色彩，避免后期搭配时出现风格不协调的问题。

△ 奶黄色墙面给北向客厅添加暖意

△ 浅的灰性色调墙面适合搭配深色家具，并通过挂画的色彩与家具形成呼应

△ 淡雅的冷色调墙面给光照充足的客厅带来凉意

△ 客厅墙面与家具采用近似的色调，使得空间更有整体感

2. 客厅地面的配色方案

客厅地面一般选择地板或地砖两种材质，这两种材质的色彩选择决定了整个客厅地面的色彩。

（1）地砖色彩搭配

常见的客厅地砖颜色大致有白色、米黄色、灰色、深色、咖啡色等。白色地砖简洁明朗，浑然一体，可给人以空间上的扩张感；米黄色地砖显得温暖；浅色或灰色地砖的冷色调更加突出了室内软装陈设的柔和感；深色地砖沉稳大气，适合大面积、采光好的客厅；咖啡色地砖适合营造舒适的家庭环境。

△ 白色地砖扩大空间感　　　△ 米黄色地砖给空间带来暖意

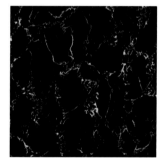

△ 灰色地砖更好地烘托软装陈设的　　△ 深色地砖显得沉稳大气
　柔和感

△ 咖啡色地砖营造舒适感

（2）地板色彩搭配

白色地板可给客厅带来宁静的家居气氛，相应的墙面可选择灰白色系等较为轻快的颜色；如果客厅地面使用略带黄色的地板，墙面可运用相邻色的搭配法则，营造出温馨的氛围。深色调地板的感染力和表现力很强，个性特征鲜明。例如红色调的地板本身颜色就比较强烈，如果再将墙面刷上深色的涂料，就会显得不协调。建议墙面选择带有粉色调的象牙色，这种颜色可以与红茶色地板形成统一感。

△ 白色地板适合搭配灰白色墙面

△ 深色调地板具有很强的感染力和表现力

3. 采光较暗的客厅色彩搭配

光线较暗的客厅不适合过于沉闷的色彩处理，除了小局部的装饰，尽量不要使用黑、灰、深蓝、深棕等色调。无论是墙面还是地面都应该以柔和明亮的浅色系为主，浅色材料具有反光感，能够调节居室暗沉的光线。建议使用白色、奶白色、浅米黄等颜色作为墙面的色调，而地面则建议使用原木色木地板或白色地砖。这样可以使得进入客厅的光线反复折射，从而起到增亮客厅的作用。

在采光不佳的客厅空间中，深色系的用法也很讲究。局部使用深色有强调和对比作用，它与浅色系的强弱对比，可以增加空间的层次感。

△ 采光不佳的客厅中，适当运用深色与浅色形成对比，可增加空间的层次感

△ 光线较暗的客厅建议选择浅色系搭配，起到增亮空间的作用

4. 小户型客厅色彩搭配

对于小户型客厅来说，墙面色彩的选择最普遍的就是白色。白色的墙面可让人忽视空间存在的不规则感，在自然光的照射下折射出的光线也更显柔和，明亮但不刺眼。

其次，运用明度较高的冷色系色彩作为小客厅墙面的主色，可以扩充空间水平方向的视觉延伸，为小户型环境营造出宽敞大气的居家氛围。这些色彩具有扩散性和后退性，能让小户型呈现出一种清新、明亮、宽敞的感觉。想再增加一些与众不同的感觉，可以局部运用重彩的方法加以修饰，但不宜过多，注意比例得当。

△ 白色墙面是小户型客厅最普遍的选择

△ 明度较高的冷色系墙面让小户型空间呈现出清新、宽敞的感觉

1.2 卧室配色重点

1. 卧室色彩搭配需掌握的要点

卧室装修时，尽量以暖色调和中性色为主，尽量少使用过冷或反差过大的色调。色彩数量不要太多，2~3种颜色即可，多了会显得眼花缭乱，影响休息。具体的颜色不仅要看居住者的个人喜好，还要考虑到整体的装饰风格。除此以外，还要考虑家具和配饰的色彩、款式是否相适应，因为居室空间的任何元素都不是孤立存在的，要想使空间和谐统一，则需要全方位的综合考虑。通常墙面、地面、顶面、家具、窗帘、床品等是构成卧室色彩的几大组成部分。

卧室顶部多用白色，显得明亮。卧室墙面的颜色选择要根据空间的大小而定。大面积的卧室可选择多种颜色来诠释；小面积的卧室颜色最好以单色为主，单色的卧室会显得更宽大，不会有拥挤的感觉。卧室的地面一般采用深色，不要和家具的色彩太接近，否则影响立体感和明快的线条感。卧室家具的颜色要考虑与墙面、地面等颜色的协调性，浅色家具能扩大空间感，使房间明亮爽洁；中等深色家具可使房间显得活泼明快。

△ 单色的卧室空间在视觉上显得更加开阔

△ 在考虑卧室的色彩搭配时，需要将窗帘、床品、地毯以及台灯等小饰品的色彩一并考虑在内，才能形成协调和谐的效果

△ 和谐的色彩搭配有助于营造温馨舒适的睡眠环境

2. 儿童房配色方案

色彩是孩童最早感受世界的途径之一。儿童房的居室氛围，需要通过强对比的色彩组合来实现，因此不论是墙面、地面，还是床品、灯饰等，颜色的纯度和明度往往较高。例如是女孩房，硬装部分可以选择简单的白墙，而软装可以选用黄色、蓝色、粉色等颜色作为空间的主要色彩框架。最好选用鲜艳的互补色，比如黄色与蓝色。

儿童房的色彩应确定一个主调，这样可以降低色彩对视觉的压力。墙面的颜色最好不要超过两种，因为墙面颜色过多，会过度刺激儿童的视神经及脑神经，使孩子由兴奋变得躁动不安。体积较大的家具不宜用太过鲜艳的颜色，而应保持柔和的色调，如粉色、浅蓝色、淡黄色等，以减少过强的刺激。体积小的、易于拿取的物件应采用鲜艳的颜色。鲜艳的色彩有利于视觉的丰富、思维的活跃。冷暖色互补组合可给人深刻的印象，例如暖色系的房间里可适当点缀少许冷色调的饰物，可以满足儿童视神经发育的需要。

0~3岁时期的孩子开始认知色彩和形状，房间和家具的色彩应采用三原色，如：红、黄、蓝，它们简单、明了，易于儿童识别。这样孩子可以在生活、玩耍的同时，自然而然地接触和学习到色彩的知识；3~6岁时期的孩子活泼、好动，想象力丰富。所以房间中的色彩也应相应地丰富，尽可能多地使用明亮、轻松的色彩；6~12岁时期的孩子已经有了相当的独立性，可根据孩子自身的喜好搭配一些装饰图案。

△ 0~3岁时期的儿童房色彩不宜过多，三原色的组合易于孩子识别

△ 3~6岁时期的儿童房应多使用明亮、轻松的色彩，满足孩子的想象空间

△ 6~12岁时期的儿童房应根据孩子的具体喜好搭配色彩与装饰图案

△ 以蓝色为主调的儿童房中加入红色的点缀，互补色的组合可给人深刻的印象

△ 白色的硬装墙面与五彩缤纷的软装陈设成为儿童房装饰的主旋律

3. 老人房配色方案

随着年龄增长，老年人对部分色彩会不太敏感，感知能力也逐渐下降。例如，大部分中老年人对灰阶的辨别能力逐渐下降，对较弱的明度对比辨别能力变差。因此，老人房色彩设计需要针对这部分人群的色彩视觉特征，选用一些朴素而深沉、高雅

而宁静的色彩，如米白、浅灰、浅蓝、浅棕、深褐等色调来调节平衡，这些色彩利于休息和睡眠。当然，在柔和不杂乱的前提下，可使用一种跳跃的色彩，让老人房增加一些生气。通常老人房都有一种追忆往事的怀旧情结，可以在浅白的基调下，局部搭配一些怀旧的深棕色，既保持优雅的怀旧配色，又使色彩在对比中更显柔和。

老人房整体色调也可选择暖色，例如暖黄色调空间，比较符合中老年人的色觉敏感区域，例如白色墙面、深色地面、胡桃木色桌椅等，还可通过地毯、床品、灯罩等容易调整的元素加以改善。老人房切忌频繁出现使用反光元素的家具，例如玻璃斗柜、钟表等。因为高反光元素集中在卧室空间中，易产生视觉疲劳，这些元素比较适合稍微年轻一些的中年夫妇使用。灯光的色调也是老人房色彩搭配的重要环节。一般来说，老人房尽量使用暖色光，少用或不用冷色光。且老人房的灯光显色性要好，不能过于偏色。

大红、橘色、紫色等热烈活跃的色彩有可能引起老人的心率加速、血压升高，不利于老年人的健康，所以老人房不宜大面积使用过于鲜艳、刺激的颜色。为了避免单调，在老人房中多使用几种色彩进行搭配是可以的。但在选择颜色时，尽量不要选择对比效果过于强烈的颜色，如红绿对比、紫橙对比等。对比过于强烈的颜色不仅会让老人产生晕眩感，还会加速老人视力的退化。

△ 暖黄色老人房中加入少许的蓝色，避免单调感的同时给房间增加优雅的氛围

△ 质朴的深棕色既有利于老人的和睡眠，又给房间带来一种怀旧的情愫

△ 翠蓝色餐椅与灰绿色墙面的邻近色组合带来一种谐调感，再拉大明度与纯度的对比呈现出层次感

1.3　餐厅配色

　　餐厅是进餐的专用场所，它的空间一般会和客厅连在一起，在色彩搭配上要和客厅相协调。具体色彩可根据家庭成员的爱好而定。通常色彩的选择一般要从面积较大的部分开始，最好首先确定餐厅顶面、墙面、地面等硬装的色彩，然后再考虑选择合适色彩的餐桌椅与之搭配。颜色之间的相互呼应会使餐厅显得更加和谐，形成独特的风格和情调。

　　通常餐厅的颜色不宜过于繁杂，以两种到四种色调为宜。因为颜色过多，会使人产生杂乱和烦躁感，影响食欲。在餐厅中应尽量使用邻近色调，太过跳跃的色彩搭配会使人感觉心里不适，相反，邻近色调则有种协调感，更容易让人接受。其中黄色和橙色等这些明度高且较为活泼的色彩，就会给人带来甜蜜的温馨感，并且能够很好的刺激食欲。在局部的色彩选择上可以选择白色或淡黄色，这是便于保持卫生的颜色。

△ 餐厅中适当运用黄色可起到刺激食欲的效果

△ 小餐厅空间适合采用高明度的色彩搭配

1.4 书房配色

　　书房是学习、思考的空间，应避免强烈刺激，宜多用明亮的无彩色或灰色、棕色等中性颜色，当然选用安全的白色来提高房间的亮度也是个不错的选择。书房内的家具颜色应该和整体环境相统一，通常应该选用冷色调，这种色调可以让人心平气和，并且还能让人集中精神。如果没有特殊需求，书房的装饰色彩尽量不要采用高明度的暖色调，因为在一个轻松的氛围中出现容易让人情绪激动的色彩，自然就会对人心情的平和与稳定造成影响，达不到良好的学习效果。

　　不同的颜色有不同的效果。例如一张绿色的写字台搭配草绿色的墙面和绿色的座椅，会让人保持淡定而平稳的心情，最适合情绪容易波动的人。蓝色能够让人平静下来，运用在书房是最合适的。一个精致蓝色的小台灯，可以让其在实用功能之外，增添更多的装饰元素。富有活力的橙色，可以增强整体空间的明亮度，干净的颜色也可以让阅读者的心情更加愉悦。纯洁优雅的白色可以让紧张的神经得到松弛，使整个空间都散发宁静、祥和的气息。

　　当然，为了避免书房色彩的呆板与单调，在大面积的偏冷色调为主体的色彩运用中，可增加一些色彩鲜艳丰富的小摆件饰品或装饰画等作为点睛之笔，一起营造出一个既轻松又恬静的环境。

△ 一块渐变色调的地毯，打破了以白色与灰色为主的书房空间的单调感

△ 书柜中图书的色彩也成为空间装饰的一部分，并与书椅、地毯的色彩巧妙呼应，给书房增加生气与活力

△ 书房宜用中性色，创造出让人静心学习与思考的轻松氛围

△ 蓝色为主的书房空间具有让人迅速冷静的作用

1.5 厨房配色

1. 厨房色彩搭配需掌握的要点

色彩是家居氛围和环境的主角。厨房色彩的色相和明度可以左右使用对象的食欲和情绪，因此做好厨房色彩的合理选择和搭配成了厨房装修的必要考虑因素。

厨房是一个家庭中卫生最难打扫的地方，所以空间大、采光足的厨房，可选用吸光性强的色彩，这类低明度的色彩给人以沉静之感，也较为耐脏；反之，空间狭小、采光不足的厨房，则相对适应于明度和纯度较高、反光性较强的色彩，因为这类色彩具有空间扩张感，在视觉上可弥补空间小和采光不足的缺陷。

△ 空间狭小的厨房适合选择白色增加开阔感

△ 采光不足的厨房适合选择明度和纯度较高的色彩

△ 大空间的厨房适合选择低明度的色彩

2. 厨房墙砖的色彩搭配

厨房是高温操作环境,选择墙面瓷砖的色彩应当以浅色和冷色调为主,例如白色、浅绿色、浅灰色等。这样的色彩会令人在高温条件下感受到春天的气息和凉意。当然,厨房的墙砖也可以选择白色和任何一种浅色进行搭配,然后按照有序的排列组合,创造独特个性的厨房。另外,厨房墙砖的颜色也可以和橱柜的颜色相匹配,看上去会显得非常整洁大气。

3. 厨具用品的色彩搭配

很多人认为像锅碗瓢盆这类的实用器物并不需要遵循一定的色彩搭配法则,其实不然,如果居住者讲究生活品质,厨房装修的风格又和谐统一,那么合理搭配厨具用品会有锦上添花之效。注意选择厨房用品时,不宜使用反差过大、过多过杂的色彩。有时也可将厨具的边缝配以其他颜色,如奶棕色、黄色或红色,目的在于调剂色彩,特别是在厨餐合一的厨房环境中,配以一些暖色调的颜色,与洁净的冷色相配,有利于促进食欲。

△ 白色是厨房墙砖最常见的色彩之一

△ 运用厨具用品作为点缀色可以改变厨房的氛围

△ 厨房的墙砖与橱柜的色彩融为一体,富有整体感

△ 红色的厨具用品与蓝色墙面形成强烈的对比,表现出时尚的个性

1.6 卫浴间配色

1. 卫浴间色彩搭配需掌握的要点

卫浴间的色彩是由诸如墙面、地面材料、灯光照明等融合而成的，并且还要受到盥洗台、洁具、橱柜等物品色调的影响，这一切都要综合来考虑，以判断其是否与整体色调相协调。

一般来讲为避免视觉的疲劳和空间的拥挤感，应选择以清洁感的冷色调为主要的卫浴间背景色，尽量避免一些缺乏透明度与纯净感的色彩。在配色时要强调统一性，过于鲜艳夺目的色彩不宜大面积使用，以减少色彩对人心理的冲击与压力。色彩的空间分布应该是下部重、上部轻，以增加空间的纵深感和稳定感。白色干净而明亮，给人以舒适的感觉。对于一些空间不大的卫浴间来说，选择白色能够扩展人的视线，也能让整个环境看起来更加舒适，因此，白色往往是卫浴间的首选。但为了避免单调，可以在白色上点缀小块图案，起到装饰的效果。现在很多人选择用多种颜色的墙砖装饰卫浴间，但需把握好一定的搭配技巧，否则会弄巧成拙。

△ 具有清洁感的冷色是卫浴间的常见色彩

△ 上轻下重的色彩分布可保持卫浴间的稳定感

△ 白色干净而明亮，可以扩大小卫浴间的空间感

2. 卫浴间墙砖的色彩搭配

卫浴间中墙砖的颜色需与洁具三大件的颜色相搭配，这样才能显示出整体效果。如果洁具三大件的颜色是深色的，墙砖的颜色可以选择浅色、同类色来搭配；如果洁具三大件的颜色是浅色冷色调的颜色，那么墙砖的颜色最好选择深色或者浅色暖色调的颜色来搭配。

面积小的卫浴间最好选择浅色系的墙砖，这样可以起到扩大空间的效果，搭配深色的地砖，不会显得空间头重脚轻。中等面积的卫浴间可以大面积运用暖色调墙砖，这样的装饰效果平实自然，看着会很舒心；也可以小面积运用暖色调，再用冷色调加以搭配，会显得卫浴间富有个性。大面积卫浴间的墙砖可以选用深色系，在中间搭配上浅色系的腰线或者在底部搭配浅色的踢脚线，能让整个空间不会太沉闷。地砖也可以选择和墙面瓷砖相同的颜色，但洁具应选用浅色系，这样整体效果才会显得尊贵大气。

△ 深色系墙砖适用于大面积的卫浴间

△ 浅色系墙砖适用于小面积的卫浴间

△ 白色浴缸搭配深灰色墙面，显得层次分明

第2节 | 工装室内空间色彩搭配

色彩的运用是工装设计中一个重要的部分，每一种色彩有着自己独特的语言，代表着不同的意义，在装饰中对人们的心理产生不同暗示，如何利用好色彩，在工装室内设计中给人一种美的享受，就成为整个办公设计的关键。

 ## 2.1 餐饮空间配色

1. 餐厅空间配色重点

色彩是餐厅设计中最具表现力和感染力的因素，在任何餐饮空间设计中都占了一定的重要性。它通过人们的视觉感受产生一系列的生理、心理和类似物理的效应，形成丰富的联想、深刻的寓意和象征。在餐厅装修设计中，首先要确定整体空间的色彩基调，再针对不同的餐厅空间的不同区域来分配局部色调。

餐饮空间的色彩设计一般宜采用暖色调的色彩，如橙色、黄色、红色等，既可以使人情绪稳定、引起食欲，又可以增加食物的色彩诱惑力。在味觉感觉上，黄色象征秋收的五谷；红

色给人鲜甜、成熟富有营养的感觉；橙色给人香甜、略带酸的感觉；适当的运用色彩的味觉生理特性，会使餐厅设计产生温馨的氛围。如果想要创造具有独特品位的餐厅环境，可以打破常规用色，采用表现个性的色彩处理。

用餐区和包房使用纯度较低的各种淡色调，可获得一种安静、柔和、舒适的空间气氛；在咖啡厅、酒吧、西餐厅等空间宜使用低明度的色彩和较暗的灯光装饰，能给人温馨的情调和高雅的氛围；在快餐店、小食店、美食街等餐饮空间使用纯度、明度较高的色彩，可获得一种轻松活泼、愉快自由的气氛。

△ 红色与黄色可刺激人的食欲，是餐饮空间经常出现的色彩

△ 西餐厅宜使用低纯度的色彩，给人一种高雅的氛围

△ 降低纯度和明度的土黄色寓意成熟与丰收，与该餐饮空间的主题相吻合

△ 快餐店适合使用纯度和明度较高的色彩，给人一种轻松活泼的气氛

2. 餐饮空间配色实战案例解析

橙赭色	爱马仕橙	咖啡色	果绿色

空间色彩运用解析

王凤波设计

背景色: 橙赭色 + 爱马仕橙 + 咖啡色 + 果绿色

主体色: 咖啡色　　　　　　　　　　点缀色: 爱马仕橙 + 咖啡色

当时尚的爱马仕橙与自然的砖石色彩橙赭色组合，因材质和色彩的气质不同，碰撞出个性的腔调，咖啡色的主体家具颜色与墙面同色系，用相邻色果绿色，增加空间的开放度，在灯光的作用下，此餐饮空间的配色方案是时尚温馨的。

暖灰色	原木色	红色	海蓝色

空间色彩运用解析

由伟壮设计

背景色: 暖灰色 + 原木色 + 黑色

主体色: 原木色 + 黑色　　　　　点缀色: 红色 + 海蓝色 + 亮黄色

这是一个用色饱和度低，空间略显沉闷的餐厅，背景色以灰色和黑色为主，主体家具的色彩运用原木色结合黑色，深灰色系在空间中占了绝大部分的面积，红色是空间中的主要点缀色，墙面的几个色块让空间稍显活跃，但此空间的颜色运用和灯光运用仍然值得再考究。

中灰色	咖啡色	蓝光色	红色

空间色彩运用解析

孙玮设计

背景色: 中灰色 + 黑色 + 白色

主体色: 咖啡色 + 蓝光色　　　　　　　　　　点缀色: 红色

用冷色调打造餐饮空间是个性化的设计表现，背景色墙面用中灰色，地面用黑白格打造，主体家具的蓝光色在空间中极其亮眼，原木系列的家具让这个冷色调空间有了温暖的感觉，墙面的红色几何色块与蓝光色呈对比色，英文字母，个性化墙面菜单，让这个空间有点酷。

色彩运用解析 **杨 梓** 软装色彩专家顾问

∴ 成都尚舍设计公司软装设计师
∴ 四川师范大学美术学院毕业
∴ 毕业至今从事软装设计工作近 10 年
∴ 秉承 "有人、有情、有故事、有生活" 的软装设计理念
∴ 中国电力出版社软装图书特聘专家顾问
∴ 作品 "成都永立龙邸项目 D2 样板房" 曾获 2014 年
　 四川省成都市第三届陈设艺术设计大赛金奖

| 橙赭色 | 代尔夫特蓝 | 紫藤色 | 橙红色 |

空间色彩运用解析

沈嘉伟设计

背景色：橙赭色 + 中灰色

主体色：代尔夫特蓝 　　　　　　　　　　点缀色：紫藤色 + 橙红色

背景色是暖调的餐厅空间，主体家具用饱和度较高的代尔夫特蓝，在空间中非常精神有气质，橙红色与紫藤色的抱枕点缀在蓝色沙发上，与背景色同色彩家族，植物带来季节里明媚的气息。

空间色彩运用解析

孙玮设计

背景色：咖啡色

主体色：蜂蜜色 + 杜松子绿 + 原木色　　点缀色：蜂蜜色 + 杜松子绿 + 原木色

蜂蜜色和杜松子绿都是自然的本色，两者的搭配能让人联想到阳光和浓郁的植被。在这个背景色是咖啡色的空间里，主体家具的色彩明快，饱和度高，有助于促进食欲，墙面绿植、自然图案的壁纸以及木质系列的吊灯，让空间的自然小资氛围更浓。

咖啡色	蜂蜜色	杜松子绿	原木色

果绿色
墨绿色
灰绿色
原木色

空间色彩运用解析

沈嘉伟设计

背景色：白色 + 果绿色 + 绿洲色 + 墨绿色
主体色：灰绿色 + 原木色
点缀色：白色 + 果绿色 + 绿洲色 + 墨绿色

被绿色覆盖的餐饮空间，背景色和点缀色都是绿色系，用不同的绿制造出空间中的色彩变化和层次关系，条纹墙纸与照片墙组合搭配时尚动感，卡座沙发选用饱和度低的灰绿色，搭配相邻色系的原木色餐桌，植物系靠枕，加上旁边打造的植物小景，在这里用餐仿佛置身丛林。

2.2 酒店客房空间配色

1. 酒店客房空间配色重点

色彩能够改变酒店客房的单调乏味，赋予空间丰富内涵，既能体现酒店风格和特色，又能为人们提供了视觉享受。在酒店装修设计时，客房的色彩搭配要尤为注意，颜色并不是越多越好，它要遵循一定的原则，才能展现最佳搭配效果。

首先，酒店客房的色彩搭配要符合装修设计的风格，不同装修风格的酒店适合的颜色也各不一样。比如中式风格酒店，多采用红色、黑色、棕色等颜色，营造出古朴自然的空间印象。如果酒店位于民族风情浓厚的地方，设计时最好借鉴当地的传统文化底蕴。很多时候住客可能就是因为这种民族风慕名而来，因此设计者需要把握好这些色彩细节。

其次，酒店客房的色彩设计需要考虑气候、温度和酒店房间的位置、朝向。如果酒店位于比较炎热的地方，客房里的颜色就应该尽量避免使用暖色调；如果酒店是处在纬度比较高的地方，房间里不宜使用冷色系来做搭配。

最后，客房色彩搭配要适合酒店类型。酒店主要分为快捷酒店、连锁酒店、商务酒店、度假酒店和主题酒店。酒店类型决定了酒店档次、面临的客户人群以及酒店特色，这些都会影响到客房色彩的选择。

△ 中式风格酒店多采用红色、黑色、棕色等营造出古朴自然的空间印象

△ 快捷型酒店的配色通常比较大胆活泼，给来客创造一种轻松愉快的入住氛围

△ 度假型酒店的配色需要结合考虑周边环境的特点与当地的人文风俗

2. 酒店客房空间配色实战案例解析

石榴红　　　普鲁士蓝　　　玫瑰红　　　草绿色

空间色彩运用解析

背景色：雾灰色

主体色：石榴红 + 普鲁士蓝

点缀色：玫瑰红 + 草绿色

这是一个非常有趣味性的空间，在雾灰色的背景色下，大胆运用饱和度高的石榴红作为空间的主体色，出现在家具、窗帘、装饰画和饰品上，休闲中透露着华丽的感觉，休闲沙发的普鲁士蓝，平衡了空间中红色带来的刺激感，白色床品与灰色床头柜也起到缓解红色带来的冲击力的作用，床尾凳是自然色草绿色，呼应床屏上自然的图案。

奶油色　　　紫水晶色　　　彩虹色　　　蓝光色

空间色彩运用解析

背景色：奶油色 + 紫水晶色 + 蓝灰色 + 原木色

主体色：彩虹色 + 蓝光色　　　　　点缀色：彩虹色 + 蓝光色

七彩刺激度高的彩虹色运用在空间中，要注重与周围环境的协调，此空间中，墙面运用紫水晶色和蓝灰色，与彩虹色搭配，紫水晶色的饱和度也很高，蓝灰色则内敛冷静，这两个色与高饱和度的彩虹色形成平衡互补的关系。白色的床品与墙面形成强烈反差，用饱和度同样高的蓝光色边几与墙面做呼应。

海蓝色　　　苹果绿　　　薰衣草浅紫色　　　金色

空间色彩运用解析

背景色：奶油白 + 海蓝色

主体色：米白色 + 苹果绿 + 黑色　　　点缀色：薰衣草浅紫色 + 灰蓝色 + 金色

绿色、蓝色和紫色的色彩搭配最为有趣。此空间中，背景色和主体色运用蓝色和绿色这组相邻色，占空间最大面积，米白色的床屏与奶油白的墙面相互呼应，加入薰衣草浅紫色的床毯，空间变得时尚有活力。金属的床头台灯和黑色的家具木作颜色，提升空间的质感。

| 灰绿色 | 褐色 | 金色 | 玛莎拉红 |

空间色彩运用解析

背景色：褐色＋灰绿色＋米灰色

主体色：褐色＋金色　　　　　　　　点缀色：玛莎拉红＋绿松石色

用色丰富的空间，尤其考验用色的功底，此空间中，颜色看似多，但都有章法可循，蓝色和橙色、红色和绿色两组对比色在空间中运用自如，拿捏到位，用大面积的暖色，结合小面积的冷色。玛莎拉红、金色、绿松石色，这些自带贵气的色彩，通过设计师的用色配比，多而不乱，让空间在温馨的氛围中体现豪华感。

| 浅蓝色 | 奶油白 | 海蓝色 | 蜂蜜色 |

空间色彩运用解析

背景色：米白色＋浅蓝色

主体色：奶油白＋海蓝色　　　　　　点缀色：蜂蜜色＋橙黄色

柔和的奶油白，结合清澈的海蓝色，营造了一个舒适放松的氛围。在米白色的背景里，蜂蜜色与墙面的米白色同属黄色系，海蓝色的地毯与床屏后面的浅蓝色墙面相互呼应，运用深色的柜体类家具，平衡空间的用色，柜体上的金属拉手以及皮革箱包，则大大增加了空间的质感。

空间色彩运用解析

背景色：蜂蜜色＋米灰色

主体色：褐色＋灰蓝色　　　　点缀色：褐色＋灰蓝色

在稳定色中做细微的色彩变化，是打造传统酒店客房的常用设计手法，属于大地色系的蜂蜜色运用于空间的墙面及窗帘上，空间里的整个立面色彩均为大地色系，在此色彩基调上，家具木作用褐色，带来稳定感，用饱和度低的灰蓝色与蜂蜜色做色彩对比，同时给暖色系空间带来精致的气质，空间配色看似统一，实则讲究细节，整体搭配典雅安宁。

| 蜂蜜色 | 米灰色 | 褐色 | 灰蓝色 |

2.3 办公空间配色

1. 办公空间配色重点

办公空间的色彩搭配原则是不但能满足工作需要，而且还能营造一个舒适的工作环境，提高工作效率。通常采用彩度低、明度高且具有安定性的色彩，用中性色、灰棕色、浅米色、白色的色彩处理比较合适。

人们进入一个空间首先会有一个整体的印象，而后才是各个细节的感觉。色彩的冷暖、性格、气氛都通过主色调来体现。所以办公室设计时首先要确定一个主色调，然后再考虑与其他色彩之间的协调关系。这也是办公室装修考虑最多的问题。主色调要贯穿整个空间，在此基础上适当变化局部环境。如吊顶色彩、墙面色彩、地面色彩、家具色彩以及软装饰品的色彩等，都要服从一个主色调才能使整个空间呈现出互相和谐的完美整体。

办公室各个空间的用途往往决定了所要营造的效果。办公区应当显得明亮放松或温暖舒适；茶水间可以采用深暗色；过道和前台大厅只起通道作用，可大胆用色；领导办公室则完全由个人品位决定。

职员的工作性质也是设计色彩时需要考虑的因素。要求工作人员细心、踏实工作的办公室，如科研机构，要使用清淡的颜色；需要工作人员思维活跃，经常互相讨论的办公室，如创意策划部门，要使用明亮、鲜艳、跳跃的颜色作为点缀，刺激工作人员的想象力。

△ 融入多彩的颜色和卡通元素，使得原本富有设计感的空间更具娱乐休闲元素

△ 领导办公室通常由个人爱好而定，工业风与禅意风混搭的空间采用低纯度色彩搭配来实现

△ 绿色系的前台空间给人以节能环保的联想，由此确定了公司的主色调

2. 办公空间配色实战案例解析

空间色彩运用解析
上海飞视设计

背景色：黑色 + 白色 + 中灰色
主体色：柠檬绿
点缀色：柠檬绿

打造一个适合年轻人的办公空间需要注意哪些细节？要酷、要潮、要青春、要碰撞……此空间的色彩搭配正是如此。用黑色和中灰色作为背景色，墙面的涂鸦尤其吸引眼球，柠檬绿的办公桌椅在空间中洋溢着青春的气息，顶面一个个圆形的灯如同一个个发散的思维和Good idea，就在这里天马行空吧。

黑色	白色	中灰色	柠檬绿

空间色彩运用解析
上海飞视设计

背景色：原木色 + 白色
主体色：中灰色 + 灰绿色 + 蓝光色
点缀色：中灰色 + 灰绿色 + 蓝光色

白色与原木色的色彩组合是现代清新的印象色。此空间中，背景色大面积留白，其中一面装饰墙面运用原木色，主体家具颜色同背景色，中灰色地毯上，灰绿色的几何形状点缀，陈列文件工具是饱和度高的蓝光色、绿松石色，连同桌面放置的玩偶摆件，能确定使用这个办公空间的人是年轻富有朝气的。

原木色	中灰色	灰绿色	蓝光色

| 深灰色 | 墨绿色 | 米灰色 | 金色 |

空间色彩运用解析

上海飞视设计

背景色：咖啡色 + 深灰色
主体色：米灰色 + 墨绿色
点缀色：褐色 + 金色 + 亮银色

现代轻奢风的办公空间，材质的运用更胜于颜色的运用，来表现轻奢的质感。金属、不锈钢和水晶材质，运用在家具上、灯具上和装饰画上。背景色选用咖啡色系，与考究的墨绿色沙发搭配，空间中的材质运用与色彩运用是相辅相成的，它们的组合运用，形成共同的语言，表达同种气质。

| 原木色 | 白色 | 果绿色 |

空间色彩运用解析

成都元太设计

背景色：原木色 + 白色
主体色：果绿色
点缀色：果绿色

都市中的禅意空间，是理想的办公环境，站在开阔的落地窗前，在快节奏的状态里，寻找一份心灵的宁静。空间中大面积留白，原木色的书架、古朴的家具结合款式经典休闲椅，没有刻意的符号，只有材质的温度和色彩的语言。褪去外在的标签，最本真的空间，适合最深度的思考。

红色

果绿色

绿松石色

橙黄色

空间色彩运用解析

背景色：白色 + 中灰色

主体色：红色 + 果绿色　　　　　　　　　　　　　　　　　　　　　点缀色：绿松石色 + 橙黄色

在这个黑白灰色彩基调的办公空间公共区域，大胆运用红色和果绿色家具，同时，在墙面用几何造型的色块与家具相互呼应，黑白灰的空间，因为有了饱和度高的色彩，而变得时尚富有生气。

橙赭色

深褐色

咖啡色

红色

空间色彩运用解析

王五平设计

背景色：橙赭色 + 深褐色

主体色：咖啡色 + 白色　　　　　　　　　　　　　　　　　　　　　点缀色：红色 + 灰蓝色

打造自然质朴的空间，无须考虑过多的颜色搭配，取材自然，利用材质天然的色彩做空间的色彩语言便可。此空间中，背景色是红砖的橙赭色，深褐色地面稳定感强，主体家具和墙面的白色，在这个用色自然考究的空间起到提亮的效果。

第 7 章　室内空间的配色重点　309

2.4　售楼处空间配色

1. 售楼处空间配色重点

　　售楼处的色彩搭配一定要符合整体格调，不同的设计风格需用不一样的色彩进行渲染。因为房产住宅本身的价值不菲，起到展示功能的售楼处应让人体验到高端大气的感觉，所以售楼处的色彩设计重点就是营造高档品质的氛围，或奢华或典雅或现代，售楼处不宜选择过多的色彩或过于艳丽的色彩，特别是大红大绿的搭配容易给人不够庄重的感觉，多活泼而少稳重，不适合营造尊贵感与舒适感。

△ 新中式风格售楼处以中性色配色为主，营造禅意氛围

△ 红色与金色的搭配表现出优雅高贵的气质

△ 亲子主题的售楼处通过蓝白色的搭配，表现出海洋般的情境

2. 售楼处空间配色实战案例解析

米灰色	金色	靛蓝色	古金色

空间色彩运用解析

背景色：米灰色 + 金色 + 褐色

主体色：米灰色 + 金色 + 褐色　　　　　　点缀色：靛蓝色 + 古金色

此空间中，墙面的石材、艺术吊灯以及茶几都是用金色表现，地板的颜色和主体家具的颜色也皆是暖色系，在色彩浓烈的暖色空间中，加入与之饱和度相匹配的蓝色系，能增添空间的色彩对比度和开放度，金色和靛蓝色的色彩组合是浓烈的，传达的是一种高级的贵气感。

米白色	咖啡色	灰紫色	金色

空间色彩运用解析

吴凯设计

背景色：米白色 + 咖啡色 + 褐色

主体色：米白色 + 咖啡色 + 褐色　　　　　　点缀色：灰紫色 + 金色

背景色是米金咖三色的色彩搭配是设计师的常用手法，尤其在充满度假风情的大空间内非常适用，米金咖三色与自然的木色均属于黄色系。在这个层高高、面积大的售楼部中，运用统一色相的色彩搭配，能为空间带来稳定、舒适、大气的感受，大空间自身的气场无须过多的颜色表达，在统一的色调中，对比色灰紫色，为空间增添一抹精致的柔情与优雅。

中国红	灰紫色	咖啡色	金色

空间色彩运用解析

背景色：米色 + 褐色 + 中国红

主体色：灰紫色 + 咖啡色　　　　　　点缀色：金色 + 银色

中国红是东方色彩的代表。在这个极具中国风的售楼部，背景色运用中国红，营造出售楼部的贵气和仪式感。运用灰紫色的家具和地毯，让背景色红色在空间中得到呼应和关联，紫色和红色属相邻色系。金色和银色点缀于空间中，从色彩到材质都能提升售楼部的精致度。空间图案的选择同样围绕主题氛围诠释。

米白色	咖啡色	褐色	橙色

浅灰色	原木色	黄色

空间色彩运用解析

壹陈设计

背景色：米白色 + 咖啡色 + 褐色

主体色：米白色 + 咖啡色 + 褐色　　　　　　　点缀色：橙色

配色稳定的空间，背景色从顶到地的色彩关系由轻到重，用色块拉开空间的层次关系，家具的主体色取自背景色，水晶材质的顶面装饰为稳定的空间带来奢华时尚的感觉，在地毯的用色上，则选用了年轻有活力的橙色，橙色作为空间的点缀色，与顶面的水晶装饰气质相匹配，这是一个自然生态同时又有着时尚艺术气质的空间。

空间色彩运用解析

大森设计

背景色：浅灰色 + 原木色 + 黄色

主体色：浅灰色 + 原木色 + 黄色　　　　　点缀色：浅灰色 + 原木色 + 黄色

用明亮的色彩打造自然、生态的空间，灰色系属于无色系，墙面和地面的浅灰色砖，有着好看自然的纹理，搭配原木色的木格栅，空间中没有用多余的设计符号刻意表现，只有最质朴的材质和天然的肌理，一切自然而然。

鸥鸪色	银灰色	海蓝色	中国红

空间色彩运用解析

集艾设计

背景色：米灰色 + 鸥鸪色 + 深灰色

主体色：银灰色 + 海蓝色

点缀色：芥末黄 + 中国红

用色雅致的空间，线条的造型极具仪式感，没有复杂的点缀，在暖色系色块组合的背景色下，家具主体色银灰色与地毯的海蓝色都偏冷色，很好的中和了空间中的暖色，地毯的写意图纹与墙面装饰画的图案，让整个空间给人清朗俊逸之感。

2.5 医院空间配色

1. 医院空间配色重点

医院的色彩通常明度较高，纯度适中，明暗对比适中。浅蓝色和绿色比较接近于自然色，可以使患者的心情很快恢复平静，血压也会相应降低，从而减轻心脏负荷；淡黄色、橙色等明快色彩可以起到坚定信心、减少悲痛情绪的作用；暗棕色、紫色等深色可以放松神经，缓解疼痛，对孕妇和神经紊乱者有一定的镇定作用；即使是最醒目的红色如果运用适当，也可促进血液循环，焕发精神，对于抑郁症和视线模糊的患者起到刺激作用。此外，由于很多人长期的心理习惯认为医院的主要色彩是白色或浅灰色，纯白色环境虽能使患者感觉洁净，但同时容易让患者神经紧张，不断提醒自己正在医院就诊，很容易联想到疼痛并产生紧张和恐惧感。

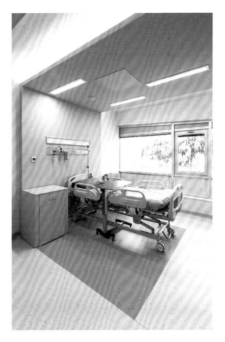

△ 因为绿色接近自然色，所以是医院空间常用的色彩之一

△ 局部的亮色打破了黑白灰空间的冷感，有助于患者放松心情

△ 因为绿色接近自然色，所以是医院空间常用的色彩之一

2. 医院空间配色实战案例解析

白色	原木色	薄荷绿

空间色彩运用解析

背景色：白色 + 原木色
主体色：白色 + 原木色
点缀色：薄荷绿

明亮、干净、整洁是在做医院设计时应考虑的几个重要特点。在这个纯白色系的空间中，只引入了原木色和薄荷绿这两个传递自然气息的色彩，饱和度低不刺激，从色彩心理学上考虑，浅色的空间更有助于让人放松心情，能够消除疲劳和紧张，有缓解压力的功效，而心情的放松则有益于身心健康。

原木色	蓝绿色	橙红色	玫红色

空间色彩运用解析

背景色：白色 + 原木色 + 蓝绿色
主体色：橙红色 + 玫红色
点缀色：橙红色 + 玫红色

此空间的配色明快活泼，在背景色为白色的主基调下，用明度和饱和度相当的蓝绿色、玫红色作为主体色表现，橙红色小面积点缀于空间中，这更像是为小朋友精心打造的医院空间，明快的色彩、圆球吊灯和异形乖巧的座椅，都能给孩子带来欢乐的情绪，起到很好地消除对医院的恐惧感。

| 草绿色 | 蓝灰色 | 橙红色 | 柠檬黄 |

空间色彩运用解析

背景色：草绿色 + 白色 + 蓝灰色
主体色：橙红色 + 柠檬黄　　　　　　　点缀色：橙红色 + 柠檬黄

背景色是白色和蓝灰色的空间，顶面运用的绿色色块，与主体家具座椅的颜色不同，都有轻松明快的感觉。饱和度最高的橙红色与柠檬黄小面积分散出现，不会带来太大的刺激感，这样的配色适合运用在医院的走廊空间里。

| 草绿色 | 柠檬黄 | 白色 | 黑色 |

空间色彩运用解析

背景色：白色 + 黑色 + 柠檬黄 + 草绿色
主体色：白色 + 黑色 + 柠檬黄 + 草绿色　　点缀色：柠檬黄 + 草绿色

明亮的空间中，用墙面的黄绿色块营造活力感，带给人春天的气息，家具的颜色与地面统一。但整个空间中，其实最吸引人眼球的是顶面的黑色。在层高很高的空间中，深色用于空间的顶面，通常能起到降低层高的作用，但在医院空间里，应保持医院的素净和明亮，不建议顶面用深色，更不建议用色彩最深的黑色。

空间色彩运用解析

背景色：白色 + 水蓝色 + 蓝灰色
主体色：原木色
点缀色：原木色

灰调的空间，水蓝色和蓝灰色在空间中给人感觉清冽而严谨，蓝色色块排序整齐，地面色块与顶面造型相互呼应，这是在医院空间设计中，除了自然生态风格之外的另一种风格的诠释，冷静的蓝色能够起到镇定和安抚的作用。用原木色的家具与蓝灰色地毯搭配，饱和度都很低，表达一种安宁的氛围。

| 原木色 | 水蓝色 | 蓝灰色 | 白色 |

2.6 咖啡馆空间配色

1. 咖啡馆空间配色重点

在咖啡馆的设计中，可利用色彩的原理，起到营造氛围的作用，制造吸引顾客的效果。各个咖啡馆定位不同，使用的色彩也不同。

顾客定位为商务人士的咖啡馆色彩应该表现出高雅格调，所以一般会选用冷色系列，使人感到宁静，可加入少量中性系列的色彩做调和作用，例如选用绿色、蓝色、紫色等。

休闲型咖啡馆的顾客是在附近上班的白领或者社区居民，着重打造一个适合休憩、阅读、会客的环境。这类咖啡馆的色彩感觉应是安静且略带活泼，例如同样使用绿色跟蓝色，营造安静舒适的大氛围，然后再使用一些浅色系列的高明度色彩如米黄色和淡黄色等，活跃气氛。

复合型的咖啡馆给人充满艺术气息的感觉，吸引的是艺术家或者追求个性的时尚人士，这类人群对色彩敏感度较高，所以在色彩选择上要更有艺术性和创造性，无论是色彩的明度，还是纯度都要达到赏心悦目的效果。

△ 休闲型咖啡馆的配色重点在于表现出一种让人放松的惬意感

△ 商务型咖啡馆通常选择冷色系的配色，表现出高雅格调

△ 复合型咖啡馆的配色营造出浓郁的艺术氛围

2. 咖啡馆空间配色实战案例解析

空间色彩运用解析

由伟壮设计

背景色：爱马仕橙 + 褐色
主体色：爱马仕橙 + 褐色
点缀色：蓝紫色

爱马仕橙是时尚经典的色彩，倘若作为空间中的强调色，则应注意其他色彩的搭配比例不宜过大。爱马仕橙作为背景色，绚丽的色彩能带来前卫的时尚感官，褐色在其中起到稳定空间色彩的作用，用蓝紫色的马赛克点缀于空间，增添活力。

爱马仕橙　　　褐色　　　蓝紫色

空间色彩运用解析

展小宁设计

背景色：咖啡色 + 南瓜色
主体色：雪松绿 + 原木色
点缀色：雪松绿 + 原木色

这是一个复古自然风的咖啡馆，同咖啡带给人的温暖的气质一样，整个空间都运用咖啡色系打造，用雪松绿的餐椅点缀在空间中，与空间中的植物气质一样，咖啡香加上绿植，让人一进到空间就能感受到放松和惬意。

南瓜色　　　咖啡色　　　雪松绿　　　原木色

橙赭色	灰绿色	海蓝色	红色

空间色彩运用解析

东羽设计

背景色：橙赭色＋灰绿色＋海蓝色

主体色：黑色＋原木色＋红色   点缀色：黑色＋原木色＋红色

适合年轻人的咖啡馆配色设计，在色彩和空间元素的碰撞下，给人热闹、活力的感觉。空间的背景色运用
不同色彩，做了不同的空间划分和隔断，主体家具运用黑色和原木色，原木色与背景色统一，黑色稳定，
与顶面的云朵灯在色彩上相互呼应。红色箱体点缀在其中，是空间中的时尚弄潮儿。

空间色彩运用解析

樊奕锋设计

背景色：原木色 + 褐色
主体色：原木色 + 褐色
点缀色：绿洲色

大地色系与自然色系的搭配，安宁、质朴。空间打造非常纯粹自然，从顶面到墙面再到地面、家具、灯具……无一不流露着自然的气质，椅垫的绿洲色是空间中的一抹亮色，与绿植的颜色统一，用相邻色搭配，这里适合安安静静的看书和思考。

原木色	褐色	绿洲色

空间色彩运用解析

侯胤杰设计

背景色：原木色 + 冰川灰 + 白色
主体色：原木色 + 冰川灰 + 白色
点缀色：爱马仕橙

这是一个类似于艺术品长廊的空间，是咖啡馆的某一角。背景色用墙面的白色和冰川灰，与地面的原木色系呈冷暖色的对比，让整个走廊感觉相对开阔，小面积的爱马仕橙与地面的原木色同属橙色系，点缀在空间中，色彩与地面有呼应，与柜体有对比，给空间带来开放度和精致感。

原木色	冰川灰	白色	爱马仕橙

毕业于西安美术学院建筑环境艺术系
10 年室内设计经验
注册高级室内建筑师（编号 A0745151SA110519）
中国建筑装饰协会注册会员
江苏锦华建设集团堂杰国际设计专家设计师
中国室内设计联盟设计方案课程特聘人气讲师
腾讯课堂特聘室内设计方案讲师
中国电力出版社软装图书特聘专家顾问
2017 年获中国国际空间设计大赛别墅组银奖

刘 方达
软装色彩专家顾问

本书特邀国内知名色彩专家刘方达老师对"室内软装风格与配色方案"章节中的经典案例进行深度解析，与读者分享国内外知名设计大师在软装设计中的色彩应用经验。

杨梓
软装色彩专家顾问

成都尚舍设计公司软装设计师
四川师范大学美术学院毕业
从事软装设计工作近 10 年
秉承"有人、有情、有故事、有生活"的软装设计理念
中国电力出版社软装图书特聘专家顾问
作品"成都永立龙邸项目 D2 样板房"曾获 2014 年四川省成都市第三届陈设艺术设计大赛金奖

本书特邀国内知名色彩专家杨梓老师对"常见配色印象的表现与应用"与"室内空间的配色重点"两个章节中的经典案例进行深度解析，让读者进一步了解软装设计中的色彩运用法则。

赵 芳节
专家指导

国内著名设计师
中国建筑装饰协会注册高级室内建筑师
中国室内设计联盟特约专家讲师
中国建筑装饰协会中装教育特聘专家
中国国际室内设计联合会会员
中国电力出版社软装图书特聘专家顾问
专注于中式传统文化
擅长禅意东方风格、新中式风格的软装设计

本书特邀赵芳节老师作为本书的专家指导，从色彩构成、色彩心理印象、色彩搭配法则以及色彩实战设计等四个方面进行专业分享，给读者带来全面的色彩认知升级。

岳 蒙
特邀软装色彩专家

济南成象设计创始人
兔顽科技联合创始人
亚太建筑师与室内设计师联盟理事
亚太酒店设计协会理事
中国建筑协会室内分会会员
亚太酒店设计协会山东分会秘书长
北京逸品成象空间策划公司设计总监
济南成象空间设计公司创始人、首席执行官

本书特别邀请国内屡获设计大奖的著名室内设计师岳蒙先生作为专家指导，运用其多年的设计和教学经验对本书内容进行整体把关，并精选其部分作品案例进行权威的色彩解析与读者分享。